자폐의 세상은 너무나 복잡하고 다양하다. 그들과 소통하려면 그들이 사는 독특한 세상에 발을 내디뎌야 한다. 서포트북은 그때 유용한 소통 도구다. 늘 필요했지만, 그 누구도 만들지 않았던 도구를 만들어 소개했다는 것만으로도 이 책을 읽을 가치는 충분하다.

홍이레 백석대학교 사범학부 특수교육과 교수, BCBA-D

이렇게 쉽고 당연한 방법을 왜 많은 부모가 그동안 사용하지 못했던 것일까? 아이 정보를 알림장에 꼼꼼히 기록해서 전달하기만 하면 될 것을. 저자의 말처럼 '서포트북'이 완벽할 필요는 없다. 중요한 것은 바로 지금 당장, 힘을 빼고 가볍게 시작하는 것이다.

한상민 《서두르지 않고 성장 발달에 맞추는 ABA 육아법》 저자, BCBA

이 책은 '서포트북'이라는 매개체를 통해 부모와 교사들이 교육의 파트너로서 협력하는 실제 방법을 구체적으로 보여준다. 아이에 관해 세심하게 기록된 서포트북은 보다 빠르게 아이를 이해하고 신뢰 관계를 형성해서 맞춤 교육할 수 있는 유용한 자료다.

이혜영 부산 구화학교 유아특수교사, BCBA

초등학교 입학을 앞둔 8살 아이가 새로운 환경에 잘 적응할 수 있을지 걱정이 큰 시점에 이 책을 만났다. 이제라도 만들게 된 서포트북이 아이에게 긍정적인 경험을 가져다주고 시시각각 변하는 환경 속에서 큰 힘이 되어주기를 간절히 바란다.

구자경 8살 자폐 아이를 둔 부모

오랜 경력을 가진 치료사일지라도 중증 자폐와 지적장애가 있는 아이를 처음 만날 때는 어떤 목표를 잡아야 할지, 어떻게 상황을 이해시켜야 할지 늘 긴장되고 어렵다. 그런 면에서 서포트북은 치료사에게 훌륭한 길잡이 역할을 하는 도구로 손색이 없다.

이지수 아이나래 아동발달센터 ABA 치료사, BCBA

책을 읽으면서 아이의 미래를 위해 지금 당장 내가 해야 할 일이 무엇인지 분명히 알았다. 앞으로 아이의 행동과 표현 하나하나를 더욱 세심하게 관찰하고 기록해야겠다고 다짐했다. 서포트북이 아이의 행복과 안전에 정말 많은 도움이 될 것임을 확신해서다. **윤정희** 7살 자폐 아이를 둔 부모

자폐 아이를 치료하려면 아이에 관한 정보가 자세할수록 좋다. 그런 점에서 서포트북은 아이에 관해 빠르게 이해할 수 있도록 도와준다. 이는 치료사와 부모의 상호 신뢰 관계 형성에도 큰 도움이 되며, 아이를 효율적으로 지원하여 치료 효과를 높이는 데도 큰 역할을 한다.

민정윤 즐거운ABA아동발달연구소장, BCBA

이 책은 중증 자폐 아이의 어머니가 십수 년에 걸쳐 만들어낸 피땀어린 결과물이다. 서포트북은 자폐는 물론 지적장애 등 모든 발달장애 아동을 대변하는 소중한 자료가 되기에 충분하다. 언제, 어디서든, 누구에게나 상황을 객관적으로 볼 수 있게 도와줄 것이다. **최철우** 경기포천 아동보호전문기관 관장

지금껏 만난 자폐 아이들은 대부분 보호자를 통해 소통하였다. 그러다 보니 아이가 보내는 '신호'와 '마음의 소리'는 전혀 모른 채 보호자의 말에만 집중했다. 이제는 보호자에게 서포트북을 권하고, 이를 통해 아이가 보내는 신호에 관심을 가져보려 한다.

김진영 경기포천 아동보호전문기관 사회복지사, 임상심리사

자폐의 독특함과 다양성 때문에 내 아이에게 맞는 소통법을 찾아내려면 엄청난 시간과 노력이 필요하다. 그 고단함을 알기에 이 책을 읽는 내내 아들의 맞춤 소통법을 찾아낸 저자를 찾아가 손을 잡고 "그동안 고생 많으셨다, 대단하다"라고 말해주고 싶다. **박미선**(꿀이맘) 자폐 아이를 둔 부모, BCBA

아이들은 장애와 상관없이 저마다의 색으로 반짝이는 존재다. 그 색을 제대로 보고 느끼기 위해 열심히 눈맞춤을 하고 말을 걸면서 흐르는 시간을 함께 나눈다. 아이를 처음 만날 때 서포트북이 저에게 주어진다면 첫걸음 떼기가 훨씬 수월할 것 같다. 서포트북! 적극 추천한다.

김현민 인천 해송초등학교 특수교사

특별한 소통법 서포트북

일러두기

* '자폐 스펙트럼 장애'가 정식 명칭이지만 책에서는 '자폐'로 일괄 통일하여 기재하였습니다.

* 저자의 아들 이름 '키라'를 원서 그대로 사용하였습니다.

* '서포터(Supporter)'는 학교, 센터, 시설 등에서 장애인에게 다양한 도움을 주는 모든 분을 지칭
   합니다.

* 책에서 소개하는 대부분의 설명과 사례는 지적장애를 동반한 중증 자폐가 있는 아들 키라를 대
   상으로 하고 있습니다.

* 복용하는 약물이나 식품 등 제품명은 저자의 감수를 받아 설명을 덧붙였습니다.

* 자폐 아이가 일으키는 탠트럼과 멜트다운을 함께 지칭할 때는 '감정 폭발'로 표현하였습니다.

OMOI JIHEISHO NO SUPPORT BOOK by Mikawa Takahashi

Copyright © Mikawa Takahashi, 2011

All rights reserved. Original Japanese edition published by BUDOUSHA.

This Korean language edition published by arrangement with BUDOUSHA.,

Tokyo in care of Tuttle-Mori Agency, Inc., Tokyo, through Shinwon Agency Co.,

Seoul

집단생활을 순조롭게 **의사소통**을 원활하게
자폐 아동을 지원하는 **생활 밀착 매뉴얼**

특별한 소통법
서포트북

다카하시 미카와 지음 | 최현영 옮김

마음책방

'서포트북(Support-Book)'은
언제, 어디서든, 누구에게나
자폐 등 발달장애 아동이 일관된 지원을 받을 수 있게
보호자가 만든 의사소통 도구입니다.

CONTENTS

Part 1 서포트북이
절실히 필요했던 순간들

Part 2 서포트북

만들기 전에 꼭 유념할 것

Part 3 서포트북에

꼭 넣어야 할 자폐 정보 _해석편

혼란한 시기도 문제없이
무사히 넘긴 중증 자폐 아들에게
도움이 된 서포트북!

오늘날 자폐가 있는 이들을 둘러싼 환경과 인식은 조금이나마 좋은 방향으로 움직이고 있습니다. 예전에 비하면 정말 많은 정보를 책이나 영상을 통해 접할 수 있고 도움을 얻을 수 있으니 참으로 다행입니다.

그런데 한편으로는 안타까운 마음도 여전합니다. '중증' 자폐에 관한 정보는 소외되었다고 느꼈던 지난날과 크게 달라지지 않았다는 생각이 들어서입니다.

이 책에서 소개하는 서포트북은 중증 자폐 진단을 받은 아들 키라를 돕기 위해 만들었습니다. 출간 이후 지금까지 느린 속도지만 증쇄를 거듭하며 꾸준히 판매되고 있습니다. 중증 자폐에 관한 정보나 서적이 그만큼 드물기 때문이라 생각합니다.

이 책이 출간된 지 약 한 달 후인 2011년 3월 11일 미야기현 센다이에 거주하는 저희 가족에게는 잊을 수도 없고 또 잊어서는 안 되는 일이 일어났습니다. 바로 동일본 대지진입니다.

센다이는 직접적인 해일 피해는 보지 않았지만 대지진의 여파로 순식간에 전기·수도·가스·통신 등이 전부 끊겼고 몇 달간 피난 생활을 해야 했습니다. 지진이 일어났을 때 직업재활시설에 있었던 키라는 다행히 감정 폭발도 일으키지 않고 제가 갈 때까지 차분히 기다리고 있었습니다. 활동지원사* 분들이 제가 만든 서포트북(support-book)으로 키라에 대해 충분히 알고 있어서 비상 상황에서도 아이에게 적절한 지원을 해줬기 때문입니다.

키라는 집에서도 '자신을 조절하는 능력'을 발휘하여 피난 생활을 잘 극복했습니다. 집이라고 해도 전기와 통신이 끊긴 피난 생활은 재해를 입기 전과는 전혀 다른 환경이었습니다. 그럼에도 키라는 강한 집착을 보이는 몇 가지를 제외하면 나머지 집착과 루틴은 주위 사람들에게 맞추어 적응해 주었고 비교적 잘 생활할 수 있었습니다.

◇◇◇◇◇◇◇◇◇◇

* 장애인의 일상생활과 자립을 도와주기 위해 다양하게 지원하는 직업으로 일본에 '생활지원원'이 있습니다. 책에서는 이에 상응하는 국내 직업인 '활동지원사'로 대체하였습니다.

그동안 서포트북을 활용해 매일 적절한 지원을 받으며 다양한 경험을 쌓은 결과였습니다. 이 능력은 코로나19로 인해 예측 불가능한 변화가 많은 상황에서도 유감없이 발휘되었습니다. 직업재활 시설에서 활동하는 분들이 서포트북을 토대로 키라의 행동을 이해하고자 노력하고 상태를 분석하며 정보를 공유하고 있었기에 가능한 일이었습니다.

현재 키라는 서른세 살이고 직업재활시설에 통근하고 있습니다. 그곳에서 활동지원사의 지원을 받으며 거베라 수확과 분류, 마른 잎을 제거하는 일을 하고 있습니다. 매주 토요일에는 활동지원사와 함께 외출도 합니다. 키라는 주말 외출을 대단히 좋아하기 때문에 평일에 일을 열심히 합니다. '예방 지원'이 착실히 진행되고 있어서 자폐 경향이 강화되지 않아 점점 평온한 날들이 늘어나고 있습니다. 온화한 표정으로 즐겁게 지내는 키라를 보면서 '부모가 죽은 후에도 이 생활이 계속되면 좋겠다', 아니, '계속될 수 있도록 준비해야겠다'라고 마음을 굳게 먹고, 예전부터 붙들고 씨름해 온 '부모 사후'를 대비해 노력하고 있습니다.

이를 위해 가장 중요한 것은 키라를 잘 이해하고 돕는 '키라 맞춤형 지원 인력'을 양성하는 시스템을 만드는 것입니다. 초반에는 서포트북을 토대로 부모인 제가 직접 지원하고 관여했습니다. 그러나 부모가 언제까지나 이런 지원을 할 수는 없습니다. 그래서 저는 차츰 손을 떼고, 활동지원사 위주로 맞춰가고 있습니다. 먼저 매일 변하는 키라의 상태를 평가한 후 지원하는 내용을 통일합니다. 그런 후 각 시설의 활동지원사가 그것을 활용하여 시설에 적합한 '키라 맞춤형 지원 인력'을 체계화하는 방식입니다.

여전히 현실에서 중증 자폐인이 성취감, 자신감, 만족감을 경험하기는 쉽지 않습니다. 하지만 자폐인을 돕는 학교 교사, 시설의 많은 분이 보호자와 함께 지원 방법과 요령을 매일 고심할 수 있는 여건과 환경이 주어진다면 어떨까요? 지원 대상, 즉 중증 자폐뿐 아니라 지적장애를 동반한 발달장애 아이들까지 '이 정도라면 할 수 있을 것 같다', '해보자', '같이 잘 해낼 수 있을 것 같다', '해냈다!'라고 느끼는 일이 조금이라도 많아질 것입니다. 자폐 등 발달장애인과 보호자, 활동지원사들이 다 함께 보람을 느끼는 데 이 책이 조금이나마 도움이 되길 바랍니다.

다카하시 미카와

언제, 어디서든, 누구에게나
효율적이고 편리한 전달 매개체

"드디어 마음이 통하는 사람을 만났습니다."

"이제는 무엇을 하면 좋을지 구체적인 방법을 알겠어요 ……."

보호자 워크숍에서 만난 A 씨는 계속해서 흘러내리는 눈물을
훔치는 것도 잊은 채 몇 번이고 이렇게 중얼거렸습니다.

최근 대형서점에 가면 예전보다는 꽤 많은 발달장애 관련 도서
를 찾아볼 수 있습니다. 학교와 어린이집 교사 등 전문가 대상의
책은 물론이고 옷 갈아입기나 양치질 등 자립 능력을 키워주는
책, 그림카드를 활용한 치료용 책, 발달장애 당사자나 보호자의
경험을 담은 책 등 분야도 다양합니다. 인터넷에서도 '발달장애',

'자폐' 등을 검색하면 무수히 많은 정보가 나옵니다. 곳곳에서 관련 강연회나 세미나도 열리고 있습니다.

A 씨도 당연히 이런 정보를 찾아봤습니다. 컵으로 물 마시기, 이 닦기 등 일과 가르치기, 그리고 누가 이름을 불렀을 때 아이가 손을 들거나 반응을 보이게 하려면 어떻게 가르치면 되는지 등을 배우려고 적극적으로 강연회와 워크숍에 참가했습니다. 수많은 책을 읽었고 매일 인터넷 정보를 검색했습니다.

그럼에도 원하는 정보를 얻을 수 없었다고 합니다.

어째서일까요?

A 씨의 아이는 모방 능력이 거의 없고 중증 지적장애를 동반한 자폐이기 때문입니다.

최근 수년간 자폐가 예전보다 주목받고 있지만 대부분의 정보는 '고기능 자폐', '아스퍼거 증후군', 'LD(학습장애)', 'ADHD(주의력결핍 과다행동장애)' 등 지적장애를 동반하지 않는 발달장애에 치우쳐 있습니다. 그에 따라 책과 강연회, 인터넷 정보도 이들이 중심입니다. 지적장애가 동반된 발달장애는 그동안 다소 간과되어서 대중의 정확한 이해가 이루어지지 않았을 수도 있습니다. 이런 점을 고려하면 지금이라도 이를 이해하기 위한 정보가 쏟아져 나와서 참으로 다행입니다.

그렇다면 '지적장애를 동반한' 자폐 아동과 성인에 대한 이해

그리고 필요한 지원은 얼마나 이루어지고 있을까요? 아니, 이루어지고는 있는 걸까요? 안타깝게도 모방 능력이 거의 없는 지적장애를 동반한 중증 자폐 아동과 성인을 지원하는 방법에 관한 정보는 좀처럼 찾아보기 어렵습니다.

앞에서 소개한 눈물을 쏟은 A 씨의 자녀처럼 제 아들 키라도 모방 능력이 거의 없는 지적장애를 동반한 중증 자폐입니다. 제가 키라를 키울 때도 상황은 같았습니다. 매일 생활 속에서 아들 키라를 주의 깊게 관찰했습니다. 키라가 전하고 싶은 것이 무엇인지 그 '마음의 소리'를 듣고, 시행착오를 반복하며 키라가 이해할 수 있는 방법, 할 수 있는 방법을 찾아보았습니다. 그렇게 찾아낸 정보를 교사와 활동지원사들에게 계속 전달했습니다. 그러던 중 서로에게 보다 효율적이고 편리한 전달 매개체로 '서포트북'을 만들게 되었습니다.

이 책은 '서포트북'을 어떻게 만들고 구성하면 좋은지를 알려줍니다. 또 서포트북을 학교 등 현장에서 어떻게 반영하면 좋은지도 소개합니다. 서포트북에 담은 내용은 중증 자폐가 있는 아들 키라를 대상으로 한 것이 대부분입니다. 예를 들어 화장실 사용할 때, 양치질할 때, 의사소통할 때 등 키라를 생활 밀착형으로 지원하는 방법들을 자세히 적었습니다. 상동행동과 탠트럼, 웃음, 자폐 경향 신호 등의 내용도 상세히 기재해서 키라의 의사,

즉 '마음의 소리'를 알 수 있도록 했고 그것을 어떻게 지원하면 되는지 등을 알려줍니다. 따라서 이 책을 참고하면 독자 여러분도 자녀를 위한 서포트북을 만들 수 있습니다.

많은 시행착오와 피드백을 거쳐 만든 '서포트북' 정보가 여러분에게 실제로 도움이 되기를 간절히 바랍니다.

중증 자폐 아들이
의사 표현하며 생활할 수 있기까지

아들 키라는 중증 지적장애와 중증 정서·행동장애를 동반한
자폐아로 현재 스무 살*입니다. 얼마 전 특별지원학교** 고등부
를 졸업했습니다.

키라를 깊이 접한 적이 없는 사람은 "키라가 정말 중증인가
요?"라고 되묻곤 합니다. 반면에 실제로 키라를 대해본 사람은
"키라는 중증 중에서도 심한 편이다"라고 말합니다.

키라는 무발화이고 자해·타해 행위가 심하며 손을 드는 동작
을 간신히 흉내낼 수 있는 정도입니다. 그렇지만 평소에 사용하는
물건과 자주 가는 장소, 쉬운 히라가나 단어 몇 개를 알고 있어
서 그것들을 사용하면 키라의 의사를 확인할 수가 있습니다. 그

양면성 때문에 "정말 중증이야?"라는 말과 "중증 중에서도 심한 편"이라는 상반되는 말을 듣는 것 같습니다. 지금부터 키라를 소개하겠습니다.

𝕀 '왜 저러는 걸까?', '대체 이유가 뭘까?'

키라가 자폐 진단을 받은 것은 세 살 때입니다. 그즈음의 키라는 포인팅을 하지 않고 괴성을 지르며 말을 하지 않고 심지어 대변을 짓이기며 놀았습니다. 또한 편식이 심하고 옷 입는 것을 정말 싫어했습니다. 언제나 손을 흔들흔들 흔들었고 일정한 코스를 계속해서 뛰어다니는 모습을 자주 보였습니다.

놀이로는 책장을 타고 올라가 뛰어내리거나 도로 갓길 연석을 뛰어 건너기도 하고 발에 모래를 솔솔 뿌리는 등 자신의 몸을 놀잇감으로 사용하는 감각 놀이에 몰두했습니다.

산책할 때 평소와 다른 길로 가면 곧바로 울음을 터뜨렸으며 별로 좋아하지 않는 아이의 목소리를 듣기만 해도 소리를 지르고 그 아이의 모습을 보면 자기 머리를 때리기 시작했습니다. 심할 때는 몸을 뒤로 홱 젖히고 소란을 피웠습니다.

당시에는 그런 키라를 볼 때마다 저는 갓 태어난 둘째를 안은 채 '왜 저러는 걸까?', '대체 이유가 뭘까?'라고 생각하며 키라를

◇◇◇◇◇◇◇◇◇◇

* 　일본에서 초판이 발행된 2011년 기준 연령입니다.
** 　국내 특수학교에 해당합니다.

안정시키려고 쩔쩔맬 뿐이었습니다.

자폐 아동을 대하는 구체적인 방법을 알고 싶어서 자료를 찾았지만 쉽지 않았습니다. 1990년대에는 자폐에 관한 책이 거의 없었습니다. 인터넷에도 크게 도움이 되는 정보가 없었습니다. 게다가 그때만 해도 '자폐는 부모의 잘못된 양육방식 때문'이라는 생각이 팽배해서 저는 더욱 정신적으로 궁지에 몰렸습니다.

키라에게 신발을 신는 법이나 화장실 사용법, 언어 등을 가르치려고 노력했지만 생각처럼 되지 않았습니다. 신발장에서 신발을 꺼내는 것을 가르치려고 해도 키라는 잠깐 제 쪽을 쳐다볼 뿐 금세 눈길을 돌렸습니다. 아무리 불러도 신발과 저를 보려고 하지 않았고 자기 손을 들어 흔들흔들 흔들기만 했습니다.

일반적인 방법으로는 가르칠 수 없겠다고 생각한 저는 키라를 관찰했습니다. 그러자 다음과 같은 사실이 보이기 시작했습니다.

- 시범을 보여도 보려고 하지 않는다.
- 모방을 전혀 하지 않는다.

자폐 진단을 받았을 때 의사에게 들었던 말이 머릿속에 떠올랐습니다.

"모방 능력이 없어서 사물을 능숙하게 익힐 수 없을 겁니다. 중증 지적장애도 동반된 것으로 생각됩니다."

'모방하지 않는 것'은 키라를 키우는 데 있어 정말 큰 걸림돌이었습니다. 대부분의 교육법은 아동에게 어느 정도 따라 하는 능력(모방 능력)이 있음을 전제로 합니다. 아동이 관심을 갖는 것을 본보기로 사용하거나 카드를 사용하여 아동이 그것을 보고 이해한 것을 바탕으로 행동하게끔 유도합니다. 하지만 키라는 아무리 시범을 보여도 보려고 하지 않았습니다. 더구나 모방하지도 않는 키라를 가르치는 데 참고할 만한 책이나 도움을 줄 전문가도 좀처럼 만날 수 없었습니다.

▌'내 아이만의 교육법'을 찾다

결국, 저는 '키라 맞춤형' 교육법을 스스로 찾기로 했습니다.

- 눈으로 보고 익히는 것이 불가능하다면 몸으로 익히도록 연습하자.
- 생활에 필요한 행동은 키라와 '2인 합체 동작'을 하여 몸이 기억하도록 가르치자.

예를 들어 신발장에서 스스로 신발을 꺼내려고 하지 않는다면 신발을 손가락으로 가리키며 "신발"이라고 말한 후 "꺼낸다"라고 말합니다. 동시에 제가 뒤에서 키라의 손을 겹쳐 잡은 뒤 신발장으로 가져가서 함께 신발을 꺼냅니다. 그 동작을 키라가 몸으로

생활에 필수적인 동작을 익히려고 할 때

아이 뒤에서 손을 포개어 잡고
같이 움직여보자

눈으로 보고 익히는 것이 불가능하다면 몸으로 익힐 수 있도록 돕는다.
아이 뒤쪽에서 2인 합체 동작으로 손을 겹쳐 잡은 뒤 해당 행동을 수행한다.

완전히 기억하고 익힐 때까지 수백 번을 반복했습니다. 다양한 아이디어를 발휘하여 행동을 계속 반복해서 키라가 몸으로 익히도록 했습니다.

숟가락 쥐는 법, 텔레비전 켜는 법, 그네 타는 법 등 무언가를 가르칠 때 이 방법으로 키라와 함께 수없이 씨름했습니다.

그 과정에서 다음과 같은 사실을 알게 되었습니다.

- 몸의 중심을 잡는 모습이 이상하다.
- 관절을 움직이는 모습이 이상하다.

책장 위로 올라갈 때는 그렇게 날쌔더니 막상 무언가 가르치려고 하자 몸의 움직임이 어색했습니다. 책장에 올라갈 때는 작은 돌출부에 손가락을 잘 걸고 올라가면서도 막상 숟가락을 쥐여주니 손가락 관절이 뻣뻣하게 굳어서 제대로 쥐지 못했습니다. 그래서 또 생각했습니다.

- 움직이는 것이 서툴면 서툰 대로 가르치자.
- 도구를 활용해 보자.
- 관절을 움직이는 법을 익히도록 하자.

손가락 관절을 제대로 움직이지 못한다면 손바닥보다 조금 큼

지막한 공을 쥐는 연습부터 시작하여 점점 작은 공을 사용하여 관절 움직이는 법을 익히도록 했습니다. 이런 방법을 일상생활에 필요한 행동을 익히는 데 적용했습니다.

⟨ 아이의 '마음의 소리'를 알아채다

이런 식으로 매일 키라와 생활하는 동안 키라가 언어를 사용하는 것은 아니지만 저에게 열심히 말을 걸고 있다는 사실을 알아차렸습니다. 상동행동, 탠트럼, 집착 등 자폐의 특성이라고만 생각했던 행동 속에 키라가 보내는 '신호'가 숨어 있었던 것입니다. 그리고 그 '신호'는 키라의 몸, 표정, 행동 등 모든 것에 숨어 있었습니다.

"즐거워요. 또 한 번 해요."
"싫어요. 무서워요."
"하기 싫어요."
"어쩔 수 없네~"

키라가 보내는 '신호'와 키라의 '마음의 소리'를 알아채고 나서부터 조금 더 키라를 이해하게 되었습니다.

키라가 보내는 '신호'를 조금씩 이해함에 따라 점차 제가 무엇을 해야 할지 알게 되었습니다. '대체 왜 이러지?', '이유가 뭐지?' 하고 슬픈 생각에 잠기는 일이 줄었고 정신적으로 조금은 편해졌습니다. 그렇기는 해도 생각지도 않은 상황에서 키라가 감정 폭발을 일으키는 것은 여전했습니다.

어쩌면 일방적으로 내가 키라를 이해하는 것만으로는 한계가 있는 것 아닐까 ……? 그래서 키라와 '서로 이해'할 수 있으면 좋겠다고 생각하게 되었습니다. 저를 비롯한 가족 모두가 키라를 좀 더 알아가고 생각을 알아채고 이해하고 싶었습니다. 그리고 키라도 저와 가족에 관해, 우리가 생활하는 이 공간과 사회에 관해 조금이라도 좋으니 알고 이해하면 좋겠다고 생각했습니다.

그것은 자폐 진단을 받은 후 제일 먼저 들었던 생각인 '나중에 우리가 죽은 후 이 아이는 어떻게 될까? 과연 살아갈 수 있을까?'라는 의문에 대해 제 나름대로 숙고한 결과였습니다.

▎'물건 이름 알려주기'를 시작하다

키라에게 가장 먼저 '물건에는 이름이 있다'라는 사실을 가르치고 싶었습니다.

언제나 안아주고 배가 고프면 먹을 것을 주며 자주 무서운 표정으로 무언가 말하는 사람을 '엄마'라고 한다는 것.

키라가 아주 좋아하는, 빙글빙글 돌아가는 탈 것은 '의자'라고 한다는 것. 마마라고 부르는 엄마인 저, 파파라고 부르는 아빠, 그리고 갓 태어난 남동생, 텔레비전, 욕조, 일상에서 사용하는 모든 물건에는 이름이 있다는 사실을 이해시키고 싶었습니다.

그러나 모방 능력이 거의 없는 키라에게 관절의 움직임을 몸으로 외우게 하는 방식으로 모든 물건의 이름을 가르칠 수는 없었습니다. 더구나 자폐 관련 도서에서 소개하는 '그림카드' 학습에 키라는 전혀 관심을 보이지 않았습니다.

결국 키라의 행동에서 힌트를 얻어 아이에게 맞춰 보기로 했습니다. 하지만 키라는 카드나 그림책을 가만히 진득하게 보지 못했습니다. 이번에는 제 친구에게 배워온 대로 작은 카드를 빨리 넘겨서 보여주는 방법을 시도했습니다. 그러자 키라가 흘끗 보는 순간이 있었습니다. 됐다! 아이디어를 발휘하면 못 할 것도 없겠다는 생각에 자신감이 생겼습니다.

이것이 '키라를 이해시키기'의 첫걸음이었습니다.

키라에게 글자를 가르칠 생각을 한 것은 사물에는 이름이 있다는 것을 가르치기 시작한 직후인 4살 때였습니다.

한 전문가는 "중증인 아이에게 글자라니 ……"라며 말끝을 흐렸습니다. 아마도 어렵거나 안 될 것이라는 의미였겠지요. 그러나 제 생각은 달랐습니다.

'사과'를 사진과 그림으로 보여주었더니 그 모양이 제각각이어서 도리어 키라는 혼란스러워했습니다. 그러나 사과를 나타내는 글자는 '사과'뿐입니다. 우리가 히라가나라고 부르는 문자도 자폐 아동에게는 그들이 무척 좋아하는 마크의 일종입니다.

'핵심은 방법이다. 밑져야 본전이라는 생각으로 해보자!'

그런 심정으로 시작했습니다. 달리 기댈 곳 없었던 엄마의 몸부림이었습니다. 반복하고 또 반복하여 가르침으로써 '글자'라는 마크를 생활 속에서 실제로 사용할 수 있게 된 것은 키라가 중학생이 된 이후입니다.

키라가 살아가는 공간인 이 사회의 구조와 규칙을 이해하려면 물건에는 이름이 있다는 것을 알아야 합니다. 이것은 어디까지나 첫걸음입니다. 익혀야 할 것은 그 외에도 무수히 많습니다. 목욕, 양치질, 옷 갈아입기, 식사 등 일상생활에 필요한 몸 동작, 예의범절과 에티켓 등 사회의 규칙, 그것을 지키기 위한 몸 사용법, 그리고 무엇보다 중요한 타인과 원만하게 관계 맺는 법 등입니다.

무엇보다 키라가 즐겁게 느끼는 것, 성취감을 느낄 수 있는 것을 더욱 많이 가르쳐 주고 싶었고 혼자서 할 수 있는 것을 하나라도 더 늘리고 싶었습니다. 그것이 키라 나름의 살아가는 힘, 키라 특유의 살아가는 힘이라는 것을 깨달았기 때문입니다.

▍'타인에게 맞추는 능력'을 길러주다

일반적으로 아이에게 양치질과 옷 갈아입는 법을 가르칠 때는 그 행위를 가르침과 동시에 "충치가 생기지 않도록 이를 닦자"와 같이 그 행위를 해야 하는 이유도 가르칩니다. 그러나 키라는 중증 지적장애이므로 의미를 가르쳐도 이해하지 못합니다.

키라의 시각으로 보면 영문도 모르는 채 영문 모를 행동을 해야

물건 이름 가르칠 때

물건에는 ......
이름이 있구나!

사과

'사과' 사진과 그림은 그 모양이 제각각이어서 혼란스럽다. 그러나 사과를
나타내는 글자는 '사과'뿐. 마크의 형태인 문자로 인식하도록 가르친다.

하는 상황입니다. 그래서 키라에게 '이해가 되지 않아도 타인에게 맞추는 능력'을 갖추도록 해야 했습니다. 그 능력을 기르기 위해 서두르거나 무리하지 않았고 아이디어를 짜내어 완급을 조절하고 적절한 타이밍을 살피며 시간을 충분히 들여서 진행했습니다.

제가 사용한 아이디어 중 하나는 '조건반사를 활용'하는 방법이었습니다. 그중 하나가 "삐─"의 마법입니다.

키라는 과잉행동이 심하여 어린이집이나 학교에서 체중을 측정할 때 체중계에 잠시도 가만히 올라가 있지 못합니다. 그럴 때 이 "삐─"를 사용했습니다. 누군가가 입으로 "삐─" 소리를 내면 그 순간 동작을 멈추고 차려 자세를 하는 것입니다.

그것을 가르치기 위해 다음과 같이 했습니다.

우선 누워서 뒹굴다가 "삐─" 소리가 나면 양손과 양발을 움직이지 않고 가만히 있습니다. 성공하면 곧바로 칭찬해주고 키라가 무척 좋아하는 키세스 초콜릿을 한 개 줍니다. 이를 반복하며 진득하게 움직이지 않는 시간을 점점 늘렸습니다. 누운 자세에서 앉은 자세로, 그다음은 서 있는 자세로 차츰 바꿔 갔습니다.

그러자 힘들었던 체중 측정도 키라를 체중계에 올라가게 한 후 "삐─" 소리를 내는 것만으로도 무난히 할 수 있게 되었습니다.

⚓ 매일 반복되는 시행착오를 극복하다

글자를 가르치고, 물건의 이름을 가르치고, 물건을 잡는 법, 선

긋기 등을 연습하고, 구멍에 실 꿰기 등 손끝을 움직이는 과제를 하며 도형 끼우기 퍼즐, 주시(목표물을 집중하여 보기)와 추시(追視, 가리키는 쪽으로 시선 이동), 손잡기, 선을 따라 똑바로 걷기, 옷 갈아입기와 화장실 사용, 식사하는 법 등 다양한 과제를 만들고 적절한 분량과 내용이 되게끔 매번 다르게 적용하며 키라와 씨름했습니다. 매일 시행착오의 연속이었지요.

이렇게 집에서 하는 공부는 초등학교 6학년까지 이어졌습니다. 중학교에 들어간 후에는 2~3일에 한 번씩 하고 스무 살이 된 지금은 하고 있지 않습니다.

이 과제들을 진행할 때는 키라가 엄청 좋아하는 큰 동작을 하며 몸을 쓰는 놀이를 수없이 반복하며 같이 놀았습니다. 예를 들어 키라를 안고 빙글빙글 돌기, 누운 채로 키라를 정강이 위에 올리고 비행기 태워주기 등의 놀이입니다.

키라에게 타인과 어울리는 즐거움을 알려주고 무엇보다 엄마로서 아들 키라와 함께 놀고 싶었습니다. 키라가 저를 보며 웃어주는 얼굴이 보고 싶었습니다.

가족과 사회의 일원으로 생활하다

그로부터 눈 깜짝할 새에 십수 년이 흘렀습니다. 스무 살이 된 키라는 지적장애인 직업재활시설에 활기차게 다니고 있습니다.

이제 키라는 자신이 생활하는 공간과 사회에 관해 조금은 이해하게 되었습니다. 그리고 키라도 '이렇게 하고 싶다', '이렇게 해 주면 좋겠다'라는 자신의 의사를 단어 혹은 구체적인 물건을 사용하거나 몸짓을 통해 전달합니다. 또 원하는 물건이나 하고 싶은 것이 있을 때 그 장소로 서포터를 데리고 가서 자신의 의사를 전달할 수 있게 되었습니다.

그렇게 키라는 가족의 일원이자 사회의 일원으로서 현재 나름대로의 생활을 즐기고 있습니다. 그동안 즐겁고 감격했던 일, 힘들고 괴로웠던 일 등 많은 일이 있었습니다. 참으로 감사하게도, 키라와 제 가족을 위해 함께 고민하고 생각하고 웃고 울어주신 많은 분을 만났습니다. 지금 키라가 직업재활시설에 다니고 의사를 표현하며 생활할 수 있는 것도 좋은 분들이 함께했기 때문입니다. 수많은 분이 사회적으로 개인적으로 버팀목이 되어주셨기에 오늘의 키라가 있을 수 있었습니다.

중증 자폐인은 많은 분의 도움을 받을 수밖에 없고, 그때마다 아이의 특성과 상황을 매번 일일이 설명하기는 어렵습니다.

그렇기 때문에 '서포트북'을 만들어야 하고, 그분들과 공유할 필요가 있습니다. 그래서 저는 서포트북의 좋은 점, 훌륭한 점, 멋진 점을 최대한 많이 전달하고 싶습니다. 이 책을 통해 최대한 많은 분이 서포트북을 만들고 활용해서 자폐 아동의 성장과 자립을 도울 수 있기를 바랍니다.

어깨에 힘 빼고
최선이 아닌 차선으로

"어머님, 최선을 다해 애쓰는 건 이제 그만하시죠. 그리고 최선이 아니라 차선을 선택합시다."

지금부터 십수 년 전.

"손 들어 봐"라고 아무리 말해도 반응하지 않았던 키라.

그런 키라에게 글자를 비롯하여 수많은 것을 가르친 나날들.

키라와의 관계에 필요하다고 생각하여 아이의 상동행동, 웃음, 집착 등을 기록하고 분석하였으나 주위 사람들에게 이해받지 못해 힘들었던 시기.

아들 키라를 돌보고 치료하고 교육하는 과정은 저에게도 혼란과 정체의 연속이었습니다.

딜레마와 초조함에 휩싸이고 키라와의 관계에서 지칠 대로 지친 저에게 담당 의사 선생님이 건네주신 말은 큰 힘이 되었습니다.

"너무 최선을 다하면 나도 모르게 상대방에게 최선을 요구하게 됩니다. 그래서 최선을 돌려주지 않으면 괘씸하다는 생각마저 들지요. 그러면 상대를 궁지에 몰아넣고 맙니다. 상대를 궁지에 몰아넣는 동시에 자기 자신의 숨통도 죄어버린답니다. 그러면 모두가 지치고 말죠. 그러니까 …… 최선이 아니라, 차선을 택합시다. 조금 여유를 가지고 조금만 애쓰는 거죠. 그 정도로 합시다."

이후로 어깨의 힘을 빼고 키라와 가족 그리고 주변의 모두를 조금 넉넉한 마음으로 보게 되었습니다. 그리고 마지막 한 마디는 지금도 계속 되새기고 있습니다.

"최선이 아닌 차선이어도 괜찮다."

생활 전반에 도움과 배려가 필요한 중증 자폐아 키라.

아들 키라가 키라답게 인생을 즐기는 데 꼭 필요한 서포트북!

PART 1에서는 키라의 유치원 시기에 시작된 메모부터

초등학교와 중학교의 알림장, 그리고 특별지원학교 고등부를 졸업한 후

장애인 직업재활시설에서 일하게 되기까지

각 시기별로 서포트북이 필요했던 상황과 대처했던 방법을 소개합니다.

Part 1

서포트북이

절실히 필요했던
순간들

아이를 위한 맞춤 지원법이
필요할 때

'즐거웠다!'라는 행복감.

'힘들었지만, 열심히 했다!'라는 만족감.

'나 대단해!'라는 자신감.

이런 긍정적인 감정을 맘껏 경험하면 좋겠다는 소원을 품고 아들 키라를 키웠습니다.

아이가 보내는 '신호'와 '마음의 소리'를 이해하고, 이것을 '키라 엄마의 스타일'로 응용해서 '키라 맞춤형' 지원 방법을 생각했습니다. 그것은 우리 가족이 키라를 도와주는 기반이 되었습니다.

⚓ 서포터에게 충분한 도움 받기

그러나 한 가지 장벽이 있었습니다. 아이가 성장함에 따라 가족 이외의 사람과 관계를 맺기 시작한 것입니다. 아이는 화장실 사용과 식사, 놀이에 이르기까지 일상생활의 모든 상황에서 주변의 다양한 배려와 도움이 필요합니다.

자폐 증상은 개인마다 다르기 때문에 설령 자폐에 관한 기초 지식을 익힌 분이라도 아이에게 맞는 도움을 충분히 제공하기 힘듭니다. 그렇기에 더더욱 개개인에게 맞춘 적절한 이해와 보조가 필요합니다.

게다가 무발화와 모방 능력이 극도로 낮은 아이를 위해 어머니인 제가 아이 맞춤형으로 만든 지원 방법을 알려드리지 않으면 서포터(선생님)는 알 길이 없습니다.

아이에게 적합한 배려와 도움 그리고 지원이 없다면 아이는 아주 사소한 일로도 혼란에 빠져 버립니다. 다른 사람을 때리거나 달려들어 깨무는 등 '문제아'가 되고 맙니다. 그러면 서포터도 어려움을 겪게 될 것입니다. 아이 역시 자신이 원하는 것이 해결되지 않으면 난처함, 불쾌감, 좌절감, 괴로움, 슬픔 등의 감정을 느낄 것입니다. 행복감, 만족감, 자신감은 거의 느낄 수 없을 것입니다. 그래서 아이가 '문제아'가 되지 않고 '즐거웠다!'라는 감정을 느낄 수 있는 방법을 고민했습니다.

긍정적인 감정 경험하기

아이가 보내는 신호와 마음의 소리를 이해할 수 있는 서포트북을 통해
적절한 지원을 함으로써 긍정적인 감정을 더 많이, 여러 번 경험할 수 있다.

서포터에게 적절한 지원을 받으려면

- 아이 '맞춤형'으로 수정한 지원 방법을 서포터에게 정확
  하게 전달한다.
- 아이가 보내는 '신호'와 '마음의 소리'를 알아차리는
  방법을 서포터에게 명확히 전달한다.

그렇게 하여 '서포트북'이라는 형태를 생각했고, 이후 '서포트 북'은 아들 키라에게 없어서는 안 될 꼭 필요한 아이템이 되었습 니다!

2

가족 없이
처음으로 외박할 때

아들 키라가 유치원을 다닐 때 선생님들과 저는 함께 아이를 도
와주는 파트너였고 상호신뢰할 수 있는 관계였습니다. 처음엔 선
생님들도 아이의 모습에 당황했습니다. 혼자서는 옷을 갈아입지
도 못하고 화장실 사용도 못하고 더구나 심한 편식과 집착과 과잉
행동을 보였으니까요. 하지만 선생님들은 아이를 거부하지 않고
오히려 조금이라도 아이가 이해할 수 있도록, 무언가 한 가지 과제
라도 해낼 수 있도록 다양한 아이디어를 계속해서 내주었습니다.

유치원에 데려다주고 데리러 갈 때마다 선생님과 그날 아이의
상태, 새로 시도해 본 방법, 아이의 반응에 관해 서로 이야기를
나누었습니다. 각자의 생각이나 의문, 고민도 공유했습니다.

그리고 그것을 아이를 대하거나 도와줄 때 반영했습니다. 그렇게 노력한 결과, 아이도 조금씩 유치원 생활과 선생님들에게 적응할 수 있었고 유치원에서 자기 나름의 속도로 편안하게 생활할 수 있었습니다.

▌ 낯선 곳에서의 하룻밤을 생각하니

그러던 중 만 5세반의 큰 이벤트인 '숙박 보육'이 다가왔습니다.

아이는 여전히 옷 갈아입기와 화장실 사용도 혼자서 하지 못했습니다. 말로 의사 표현도 하지 못하고 괴성을 지르며 책장을 타고 올라가 뛰어내리고 여기저기 돌아다니고 뛰어다녔습니다. 식사에 대한 고집도 심해서 유치원에서는 거의 아무것도 먹지 않았습니다.

이렇게 평소에도 보육하는 데 어려움이 많은 아이인데, 낯선 곳에서 하룻밤 자고 온다는 것이 도저히 상상이 되지 않았습니다. 목욕부터 수면, 아침과 저녁 식사 등 아이에 관해 유치원 선생님들이 모르는 것 투성이었습니다.

'선생님들과 친구들에게 불편을 끼치지는 않을까?'

'아이가 힘들어하지는 않을까?'

이런 생각에 유치원 5세반의 가장 큰 이벤트인 '숙박 보육' 참가를 주저할 수밖에 없었습니다. 하지만 선생님들의 따뜻한 말에 힘입어 참가하기로 했습니다.

서포트북의 첫 시작

처음으로 가족과 떨어져서 하룻밤 자고 오는 '숙박 보육' 날, 선생님이 더
적절히 지원할 수 있도록 아이에 관한 정보를 적은 메모지를 건네주었다.

"키라와 함께 하룻밤을 보내는 것을 모든 친구와 선생님이 기대하고 있습니다. 키라도 꼭 참가하면 좋겠어요."

▌ "자세한 건 여기에 적어두었습니다"

'숙박 보육'을 하는 날, 아이를 데려다주며 선생님께 5~6장의 메모를 건네드렸습니다.

"자세한 건 여기에 적어두었습니다. 잘 부탁드리겠습니다."

이때 선생님께 건네드린 '메모', 즉 아이에 관한 내용이 적힌 메모가 발전하여 지금의 '서포트북'이 되었습니다.

메모에는 아래와 같이 적었습니다

'밥 먹을 때'는

- 뜨거운 흰밥만 먹습니다.
- 카레 소스는 밥 옆에 담습니다.
- 먹지 않을 때는 무리해서 먹이지 않습니다.
- 하루나 이틀 아무것도 먹지 않아도 괜찮습니다.
- 수분을 자주 보충해주세요. 포카리스웨트를 아주 좋아 합니다.

'목욕할 때'는

- 전면적인 지원이 필요합니다.

• 머리부터 온수를 끼얹어도 괜찮습니다.
• 물에 몸을 담그고 1부터 10까지 센 후 나옵니다.

처음으로 가족과 떨어져서 보낸 밤, 다행히 아이는 선생님과 친구들에게 둘러싸여 시종 방긋방긋 웃으며 잘 지냈다고 합니다.

3

감정 폭발을 자주 일으키는
불안정한 시기일 때

아들 키라는 초등학교와 중학교는 일반 학교의 특별지원학급
(당시는 특수학급)에 다녔습니다. 매일 제가 학교까지 데려다주고
데리고 왔습니다. 가끔 선생님과 이야기할 기회가 있긴 했지만
차분하게 대화할 수 있는 여건은 아니었습니다.

아이의 상태는 그날그날 달랐습니다. 집착이 심한 날이 있는가
하면 허를 찔린 것처럼 집착이 전혀 없는 날도 있었습니다. 그때
그때 아이의 상태에 맞춰서 대하는 방법도, 지원하는 방법도 달
라져야 했습니다.

그럴 때 도움이 된 것이 '알림장'입니다. 알림장은 전날 하교한
후부터 당일 아침까지 아이의 상태를 선생님에게 전하는 중요한

서포트북이 전달하는 것

알림장은 보호자와 선생님의 전달 매개체로 그날그날 아이 상태 등의
상황과 정보를 서로 실시간으로 전달하는 역할을 했다.

정보원 역할을 했습니다.

그야말로 실시간 '서포트북'이었죠.

✂ 가정과 학교를 연결하는 실시간 정보원

아이가 초등학교 6학년 때 모르는 남성에게 목덜미를 잡힌 사건이 있었습니다. 그 후 한동안 그 기억의 플래시백(충격을 준 사건이나 장면이 자꾸 떠오르는 현상)과 멜트다운이 자주 나타나 불안정한 시기가 있었습니다. 그때 학교 선생님과 알림장으로 아이의 상태를 주고받았습니다. 다음은 알림장을 사용한 사례입니다.

 가정에서 20##년 #월 #일

키라 남동생을 데리러 가려고 준비하고 있었습니다. 키라는 자동차로 갈 거라고 생각했는지, 저에게 자동차 열쇠를 내밀었습니다. "아니야. 유치원까지 걸어갈 거야"라고 말했더니 화를 내면서 집 담장에 머리를 쿵쿵 찧었습니다. 다행히 걸어가는 동안 진정이 되었습니다.

이처럼 종종 착각, 고집, 감정 악화가 이어지고 있습니다. 이럴 때는 생각지도 않던 패턴화가 급속히 이루어져서 패턴화에 의한 착각 행동이 발생합니다. 그것을 지적받으면 급격히 탠트럼을 일으키는 악순환에 빠지기 쉬운 상태가 되므로 각별한 주의가 필요합니다.

학교에서 20##년 #월 #일

학예회에서 노래 부르기를 했습니다. 키라는 계속 안절
부절못하고 불안해하는 모습이었습니다. 박치기도 빈번
하게 하였습니다. 급식 시간에는 빵은 많이 먹었지만 생
선은 먹지 않았습니다.

 가정에서 20##년 #월 #일

혹 박치기할 때 친구를 들이받았나요? 만약 같은 상황
이 또 발생한다면 번거로우시겠지만, 타임아웃(그 자리를
떠나 키라가 진정할 수 있는 조용한 장소로 이동하여 마음을 진
정시키는 것)을 해주시기를 부탁드립니다. 집에서도 특정
음식에 대한 고집이 심해지고 있습니다. 컨디션을 보면서
양을 조정하고 있습니다.

▌ 선생님을 만날 수 없을 때 더욱 필요한 것

알림장은 초등학교와 중학교 시기에 선생님과 정보를 교환하
는 데 정말 많은 도움이 되었습니다. 이후 특별지원학교에 다니면
서 통학버스를 타게 됐을 때는 더욱 큰 힘을 발휘했습니다.

초등학교와 중학교 시절 매일 등하교할 때는 선생님과 인사 정
도는 할 수 있고 잠깐 이야기를 나눌 틈도 있었습니다. 하지만 버
스 통학을 하고 나서부터는 선생님과 잠시 서서 이야기를 나눌

틈조차 전혀 없었습니다. 그래서 알림장이 더욱 필요했습니다.

알림장은 보호자가 선생님께 그날 아침의 아이 상태 등 정보를 실시간으로 전달하고, 선생님은 보호자에게 학교에서의 아이 모습을 알 수 있도록 전달하는 역할을 했습니다. 그렇게 알림장은 점차 선생님과 보호자가 서로 궁금한 부분을 확인하는 데 꼭 필요한 존재가 되어갔습니다.

4

2박 3일 스키 캠프에 참가해야 할 때

처음으로 서포트북을 만든 것은 아들 키라가 중학교 1학년이 된 후 맞이한 겨울방학 때였습니다.

초등학생 때는 YMCA의 장애아 수영교실에 다녔고 중학생이 된 후에는 YMCA 커뮤니티 스쿨이 주최한 스키 캠프에 참가했습니다. 이 캠프는 ADHD(주의력결핍 과잉행동장애), LD(학습장애), 아스퍼거 증후군 등 발달장애 학생을 대상으로 하는 캠프였습니다.

아이는 지적장애를 동반한 중증 자폐여서, 원래는 캠프 참가 대상에 들어가지 않았지만 면접을 거쳐 참가할 수 있게 되었습니다.

ⅼ '어떻게 하면 즐겁게 지내다 올 수 있을까?'

스키 캠프에 참가하게 된 것은 기뻤지만 캠프 참가자와 선생님들 모두 초면이었습니다. 선생님들이 발달장애에 관한 공부를 했어도 중증 자폐는 처음일 것입니다. 서로가 낯선 상황에서 2박 3일 캠프라니 ……..

다행히 캠프 전날, 담당 선생님과 면담할 시간이 주어졌습니다. 사전에 제출한 서류에 기입된 정보만으로는 선생님이 아이를 충분히 지원하기에는 부족했습니다.

'이 상태라면 즐거워야 할 캠프가 키라에겐 힘든 시간이 될지도 모른다'라는 생각에 불안했습니다. 그러나 얼른 마음을 다잡고 '불안할 때는 행동하면 된다! 정보가 부족하면 필요한 정보를 만들면 되지!'라며 선생님에게 도움이 될 자료를 준비하기로 했습니다.

선생님과 면담하기 전날 밤, 이제 막 사용하기 시작한 컴퓨터와 씨름하며 자료를 제작했습니다. '어떻게 하면 키라가 즐겁게 지내다가 올 수 있을까?' 오직 그 마음이었습니다.

'선생님들이 아이를 이해해주면 좋겠다'
'아이가 불편이나 혼란을 겪지 않았으면 좋겠다'

그렇게 생각하자 알림장에 쓸 내용이 차례차례 머릿속에 떠올

무발화 아이를 위한 알림장

참가자와 선생님들 모두 초면인 스키캠프 전날,
컴퓨터와 씨름하며 무발화 아이의 일상생활을 지원하는 방법을 적었다.

랐습니다. 의사소통과 식사 등 일상생활에서의 지원 방법, 항상 제가 주의를 기울이는 부분, 궁리하며 짜낸 아이디어 등을 적었습니다.

그리고 말을 하지 못하는 아이가 보내는 '신호'와 '마음의 소리'에 관한 내용을 비롯해 상동행동과 집착 등 자폐의 특성에 관한 내용, 이것들을 파악하고 접근하는 방법, 그리고 '아이 맞춤형'으로 수정한 지원 방법까지 모두 포함했습니다. 이렇게 만든 자료는 A4 용지로 16매 분량이었습니다.

중증 자폐 아이를 처음 접하는 선생님에게 필요한 것

이 자료를 면담일에 선생님에게 전달했더니 선생님은 정말 큰 도움이 될 것 같다며 미소지었습니다.

"솔직히 중증 자폐는 처음이라 어떻게 지원하면 좋을지 불안했었거든요."

선생님의 솔직하고 적극적인 모습을 보니 조금은 안도할 수 있었습니다.

그날 밤, 이 일을 인터넷 친구에게 이야기했더니 휴대할 수 있는 형태로 만들면 더욱 편리할 것 같다는 조언을 해주어 곧바로 착수했습니다. 당장 내일 출발이라 시간과 재료가 충분하지 않았습니다. 일단 집에 있는 A5 크기의 바인더를 찾아 출력한 자료를 한 장 한 장 붙였습니다. 이것이 처음 만든 '휴대용 서포트북'이었습니다!

 아이는 이 서포트북을 가지고 스키 캠프에 참가했습니다. 처음 만나는 사람들 사이에 둘러싸여 있었지만 감정 폭발을 일으키지도 않고 스키를 마음껏 즐기고 왔습니다. 서포트북을 참고하여 도와주신 선생님들 덕분이었습니다.

5

매년 담임이 바뀌는
고등부에 진학할 때

아들 키라는 특별지원학교 고등부에 다녔습니다. 특별지원학교
는 생각보다 학생과 교사의 수가 많았습니다. 학급 이외의 그룹
활동도 많았으며 매년 담임이 바뀌었습니다.

아이가 속한 학급은 학생 9명, 교사 3명이었습니다. 같은 학년
은 학생 43명, 고등부 전체로는 학생이 약 130명, 교사가 약
60명이었습니다. 이렇게 많은 수의 학생과 교사가 학급 외에도
생활반, 학습반, 작업반 등 활동별로 몇 개의 그룹으로 나뉘어
활동했습니다. 활동에 따라서는 학년을 초월한 그룹이 편성되기
도 했습니다.

언제, 어디에서 누구를 만나더라도 일관된 지원을 받을 수 있도록
아이가 접하는 모든 선생님에게 서포트북을 건네주었다.

⏳ 문제행동 예방법과 대처법을 찾아서

아이는 독립적인 행동과 대응이 어려우므로 담임 선생님이 반드시 함께 그룹에 들어갔습니다. 그러나 그룹에서 담임 선생님만이 아이를 담당하는 것은 아닙니다. 다른 학년 선생님이 담당할 때도 있습니다.

이럴 때 문제가 되는 것이 일관되지 않는 지원 방법입니다. 즉, 선생님이 많아질수록 일관성 있는 '아이 맞춤형' 지원 방법이 어렵기 때문입니다.

상황에 맞는 지원이 적절하게 이루어지지 않으면 아이는 순식간에 아무것도 하지 않는 상태가 되고, 또 못하게 됩니다. 그 어떤 지시도 통하지 않을 뿐 아니라 선생님이나 책상을 때리고 괴성을 지르며 돌아다니고 뛰어다니는 등의 문제행동이 나타날 수도 있습니다. 문제행동을 보이는 것은 아이가 '어려움에 빠졌다'라는 신호입니다.

그래서 아이가 언제 어디에서 누구를 만나더라도 어려움에 빠지지 않고 일정한 지원을 받을 수 있도록 학급 담임용 '서포트북'을 준비했습니다. 그외에도 작업반 리더와 담당 선생님, 그리고 학습반·생활반·동아리의 각 그룹 리더와 담당 선생님, 고등부 주임 등 아이를 만나는 선생님들을 위해 총 13권의 서포트북을 준비했습니다. 그리고 이것을 3월 하순에 진학하는 특수지원학교 고등부에 가지고 갔습니다.

- 선생님용 '서포트북'.
- 중학교에서의 생활 모습을 찍은 '비디오'.

학년이 바뀔 때 지원하는 방법

마침 이 시기에 학교에서는 '개별화 교육지원계획'이 도입되었습니다. 이것은 영·유아기부터 학교 졸업 후까지 포함하여 일생을 포괄하는 '개별화 지원계획' 중 학령기(유치원·초등학교~고등부) 지원계획입니다.

학령기 지원계획은 아동과 가족이 이상적으로 생각하는 장래상을 목표로 두고 장기적인 관점으로 교육·복지·의료 등 아동을 지원하는 기관이 연계하여 아동 한 명 한 명에 따른 지원을 더욱 효과적으로 실행하기 위한 계획입니다.

이 '개별화 교육지원계획'과 서포트북, 비디오를 효과적으로 조합하여 활용함으로써 아이를 지원하는 방법이 보다 구체적이고 이해하기 쉬워졌습니다.

진급할 때는 현재의 담임 선생님께 새로 맡으실 선생님에게 학년 말에 교내에서 인계되는 '개별화 교육지원계획'과는 별도로 서포트북과 비디오를 전해주십사 부탁하였습니다.

6

장애인 직업재활시설 실습 준비할 때

고등부 3학년이 되면 장애인 직업재활시설 실습을 시작합니다. 실습을 한 뒤 졸업 후의 진로가 결정되므로 중요한 일정입니다. 실습은 세 곳에서 이루어지며 실습 기간은 2~5일입니다.

평소 항상 옆에서 지원해 주던 부모도 선생님도 없고 처음 가보는 낯선 장소에서 아들 키라가 혼자서 실습을 해야 합니다. 평소와 다른 환경에 있으면 당황하고 어려워하며 불안이 커질 수 있습니다. 그러면 모처럼의 실습이 감정 폭발 때문에 실패로 끝날 수도 있습니다. 또 장애인 직업재활시설 담당자에게도 "저 학생은 감정 폭발만 일으켜 힘들었다"라는 부정적인 인상을 남길 수 있습니다. 최악의 경우 아이의 실습과 취업을 받아주지 않게 될지도 모릅니다.

포인팅 대화하는 법

질문에 대한 답변과 감정을 여러 개 적어서 아이에게 보여주고
해당하는 것을 손가락으로 가리키게 한다.

ⅼ 서포터북을 받은 서포터의 반응

그래서 실습을 나가기 한 달 전에 다음에 소개할 '실습용 서포트 파일'과 '휴대용 서포트북'을 만들어 장애인 직업재활시설에 전달했습니다. 가뜩이나 분주한 담당자들이 이 정도 분량의 자료를 훑어보는 것은 부담이 될까 싶어 걱정됐지만 일단 전해드리기로 했습니다.

그러자 장애인 직업재활시설 직원이 아래와 같은 소감을 전해 주었습니다.

> "한 달 전에 받을 수 있어서 고마웠다."
>
> "사전에 실태 파악을 할 수 있어서 프로그램 편성에 유용했다."
>
> "스케줄 제시와 시간 제시 실물을 보니 이해하기 쉬웠다."
>
> "의아하거나 당황스러울 때 서포트북을 펼쳐 보면 대응 방법이 제시되어 있었다."
>
> "같은 것을 여러 권 주셔서 직원 간 동일한 정보를 공유할 수 있었다."

그리하여 아이는 낯설고 불안이 가득한 환경에서도 평소와 같은 지원 방법을 일관되게 받으며 실습에 참여할 수 있었습니다.

실습이 끝난 날, 집에서 "실습은 어땠니?"라고 묻고 종이에 다음과 같이 써서 보여주었습니다.

싫었다
열심히 했다
또 가겠습니다
피곤하다
모르겠다

아이는 그중 2개를 손가락으로 가리킴으로써 대답했습니다

열심히 했다
또 가겠습니다

다행히 아이의 소감은 긍정적이었습니다.

저는 이것을 포인팅 대화라고 부릅니다.

고등부를 졸업한 아이는 희망하는 장애인 직업재활시설(실습했던 곳)에 다닐 수 있게 되었습니다. 그래서 출근하기 전에 취업할 곳에 '장애인 직업재활시설 실습 파일'과 '이행 지원계획'을 함께 가지고 갔습니다.

'이행 지원계획'은 고등부 졸업 후 시설이나 취업 장소 등 다음 사회생활로 순조롭게 이행할 수 있도록 보호자와 학교·복지·의

료 등 지원기관이 연계하여 작성하는 지원계획입니다.

⚍ 매일 일터로 향하는 아이

아이는 장애인 직업재활시설에 다니기 시작한 4월부터 비교적 빠르게 하루 동안의 일과에 적응했습니다. 다행히 감정 폭발을 일으키는 일은 없었습니다. 여전히 모방 능력이 낮고 일의 의미를 이해하지 못하여 좀처럼 일을 익히지 못했지만 그런 아이를 이해 해주는 동료와 직원들 덕분에 아이는 매일 일을 한다는 것에 보 람을 느끼며 활기차게 다니고 있습니다.

7

장애인 직업재활시설
실습용 자료 만들 때

장애인 직업재활시설 실습 때 만든 자료를 소개합니다.

다음 자료 (1)~(6) 은 바로 찾아볼 수 있도록 파일을 각각 분리해서 별도로 넣었습니다.

(1) 개별화 교육지원계획

장래 목표와 그 목표를 위한 장기·단기 목표, 그에 따른 구체적인 지원 방법이 기록되어 있습니다.

(2) 통지표

학기마다 개별화 교육지원계획의 시행과 평가를 겸합니다.

(3) 실태조사표

장애인 직업재활시설 실습을 위해 학교 측에서 작성한 자료입니다. 현 상태와 지시 전달 방법, 주의사항 등을 B5 1장에 정리하였습니다.

(4) '스케줄 제시'와 '의사확인 메모' 등

아이의 불안과 혼란을 줄이고 아이 스스로 수긍하여 일할 수 있도록 하루의 스케줄 메모와 아이의 의사를 확인할 때 사용하는 메모입니다. 실제로 사용한 것을 넣었습니다.

(5) 시계 읽는 법과 돈에 대한 이해

시계 읽는 법

시간의 의미를 모르는 아이가 당황하지 않고 침착하게 작업에 임할 수 있도록 가까운 곳에 있는 시계를 사용하여 하루 생활의 흐름, 일의 리듬을 알려줍니다.

돈에 대한 이해

직업재활시설에서는 자신이 만든 제품을 판매하기도 합니다. 아이는 돈의 의미를 모르기 때문에 돈을 사용할 때 지원이 필요합니다.

하나로 묶은 실습용 자료

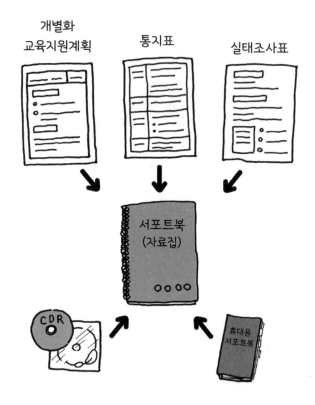

각각의 자료를 클리어 파일에 넣어 한 권으로 만들어 펼쳐 보기 쉽게 만들었다.
빨리 찾아볼 수 있게 항목별로 인덱스를 붙였다.

시계 읽는 법과 돈에 대한 이해, 이 두 가지는 첫 실습을 했을 때 장애인 직업재활시설 측에서 꼭 필요한 정보라고 알려줘서 두 번째 실습 때부터 파일에 추가했습니다.

(6) 휴대용 서포트북

우선적으로 휴대하기가 편해야 합니다. 그리고 다소 젖어도 사용할 수 있어야 합니다. 그래서 저는 투명한 포켓 사진첩을 사용했습니다. 각각의 정보를 찾기 쉽도록 인덱스도 붙였습니다.

(7) 서포트북(자료집)

B5 용지에 인쇄하여 스테이플과 끈으로 튼튼하게 묶어서 만든 자료집입니다. 내용은 '휴대용 서포트북'과 같습니다. 개별화 교육지원계획만으로는 부족한 정보를 보충하는 용도입니다. 항목별로 인덱스를 붙였습니다. 여백에는 메모할 수 있는 공간을 마련했습니다. 저는 튼튼하게 묶는 형태로 제작했지만 클리어 파일이나 링 바인더를 활용하여 자료를 추가하거나 뺄 수도 있습니다. 각자 가장 편리한 방법을 찾으시길 바랍니다.

8

여가활동을 위해
활동지원사와 외출할 때

스무 살이 된 아들 키라는 토요일마다 장시간 외출을 합니다. 아이가 무척 좋아하는 활동지원사와 함께요. 날씨가 화창한 날은 자전거나 전철, 버스를 타고 다양한 곳에 갑니다. 아이는 주말 외출을 기대하며 평소에 분발합니다!

아이의 즐거움(여가활동)과 서포트북은 바늘과 실의 관계입니다. 둘은 떼려야 뗄 수 없습니다. 여가활동에서 처음 서포트북을 사용한 것은 초등학교 3학년 YMCA 장애아 수영교실 여름 캠프였습니다. 매주 토요일 다녔던 수영교실 담당 자원봉사자와 보내는 2박 3일의 캠프였지요. 이 캠프를 위해 유치원 시절 숙박 보육 때처럼 손으로 쓴 '키라용 맞춤 지원 메모'를 만들었습니다.

▌ 여가활동의 폭을 넓히다

초등학교 졸업까지 여름 캠프와 당일 캠프, 토요일 수영교실을 경험했습니다. 다양한 사람들과 함께하며 규칙과 예절을 지키면서 시간을 보내는 것은 귀중한 경험입니다. 그리고 외부에서의 즐거운 시간은 아이의 여가활동을 계획하는 데 귀중한 첫걸음이 되었습니다.

중·고등학교에 들어가자 아이가 할 수 있는 여가활동의 폭은 더욱 넓어졌습니다. 연간 3회 있는 YMCA 커뮤니티 스쿨의 캠프를 비롯해 계절마다 등산, 학부모회가 주최하는 구리코마 자연학교에서 하는 스노우 캠프 등에 참가했습니다. 특히 중학교 특별지원학급에서 같이 갔던 갓산(야마가타현의 산)의 스키 캠프가 좋은 기억으로 남아서 가족 스키 여행으로 이어졌습니다.

매주 토요일에 하는 활동지원사와의 외출도 이즈음에 시작하였습니다. 그리고 외출할 때 반드시 서포트북을 챙겼습니다.

캠프에 가면 거의 대학생 자원봉사자가 아이를 담당합니다. 자원봉사자는 따뜻한 마음으로 참가했겠지만 자폐 아이를 돕는 방법에 대해서는 대부분 잘 알지 못합니다.

그래서 지적장애를 동반한 자폐가 있는 아이를 위해 애쓰고 노력하는 자원봉사자를 도와주고 싶었습니다.

처음 접하는 자폐 때문에 당황하거나 고민하는 일을 조금이라도 줄여주고 싶었습니다. 그래서 감정 폭발, 상동행동, 고집과 집

여가활동의 필수품

여가활동은 집을 떠나서 해야 하므로 서포트북 준비는 필수다.
활동지원사가 어떤 상황에서도 적절한 대응과 지원을 할 수 있게 도와준다.

착 등 자폐에 관한 기본적인 설명과 각각에 대한 '키라 엄마 스타일과 자폐에 관한 해석'을 자세하게 써서 전달했습니다.

⚱ 무발화 아이의 의사소통 도구

'키라 엄마 스타일과 자폐에 관한 해석'은 말을 하지 않는 무발화인 아이가 보내는 '신호'와 '마음의 소리'를 이해하는 데 꼭 필요한 자료입니다. 그 예는 다음과 같습니다.

"오늘은 무엇이든 하고 싶은 기분이야!"
"맘껏 놀고 싶고 다른 사람 이야기도 잘 들을 수 있어."
"오늘은 기분이 별로여서 아무것도 하고 싶지 않아!"
"내가 원하는 것 외엔 아무것도 하고 싶지 않아."

이처럼 날마다 바뀌는 아이의 상태를 파악하는 데 서포트북은 대단히 중요합니다. 이것이 아이를 지원하는 방법의 핵심 포인트입니다.

"서포트북을 읽으면
어머님이 어떤 분인지 보여요"

 "서포트북을 읽으면 어머님이 어떤 분인지 보여요."

수많은 자폐 아동을 맡은 경험이 있는 선생님이 한 말입니다.

선생님은 이전에도 많은 어머니에게 서포트북을 받은 적이 있었다고 합니다.

"서포트북을 만든 어머님이 아이의 특성을 어떤 식으로 파악하고 계시는지, 어떤 식으로 키우고 싶으신지, 어떤 문제로 고민하고 계시는지 등이 보여요."

맞습니다. 분명히 그렇습니다.

서포트북은 매일의 생활을 기반으로 만듭니다. 따라서 서포트북에는 특별할 것 없는 평범한 매일의 생활이 빼곡히 담겨 있습니다. 그러므로 매일 아이와 시간을 보내는 어머니의 모습과 생각이 드러날 수밖에 없습니다.

"교사인 저희가 아이를 지원해 줄 때 아이와의 신뢰 관계는 대단히 중요합니다. 마찬가지로 어머님과의 신뢰 관계도 소중하고 중요하지요. 그래서 어머님의 사람됨을 알고 있으면 접근하기도 쉽고, 비교적 이른 단계에서 확고하게 아이와 신뢰 관계를 맺을 수 있어서 큰 도움이 됩니다."

아이가 많은 시간을 보내는 학교에서 안심하고 즐겁게 지낼 수 있도록 도와주고 열심히 지원하는 분이 바로 선생님들입니다. 그런 선생님들에게 큰 도움이 되는 것이 바로 서포트북입니다. 서포트북은 아이의 행복을 위해 꼭 필요한 소통 도구이며 그 역할이 아주 중요합니다.

서포터들에게 서포트북의 활용도가 높고 반응이 좋아서
본격적으로 키라의 서포트북을 만들어 보았습니다.
PART 2에서는 서포트북을 만들 때 가장 필요한 기본 사항부터
기록할 항목과 내용, 항목별 우선순위,
서포트북에 기록하기 위해 필요한 〈우리 아이 발견 작성표〉 작성법까지
서포트북을 만들기 전에 유념해야 할 사항을 소개합니다.

Part 2

서포트북

만들기 전에
꼭 유념할 것

9

서포트북은
누가 사용할까

서포트북을 만들기 전에 가장 중요한 질문을 드리겠습니다.

서포트북은 누구를 위한 것일까요?

엄마를 위한 것일까요? 서포트북이 있다면 아이를 서포터에게
맡길 때 불안이 감소하고 아이가 안정된 모습으로 지낼 수 있을
테니 기쁠 겁니다.

선생님과 서포터를 위한 것일까요? 서포트북이 있으면 틀림없이
선생님과 서포터가 아이를 대하고 지원할 때 큰 도움이 됩니다.

그러나 이것은 모두 부차적인 것입니다.

⏳ 서포트북의 존재 이유

장애와 미숙한 소통 때문에 어려운 환경에서도 서포트북 덕분에 아이가 쾌적한 생활을 하는 것, 그리고 아이가 어디에서든 알찬 시간을 보내는 것, 바로 그것이 서포트북의 존재 이유입니다.

아이 입장에서 생각해 보기

- 어떤 것을 이해받지 못할 때 어려움에 처할까요?
- 어떤 식으로 도와주고 지원해 주길 원할까요?
- 어떻게 도와주고 지원하면 더욱 행복해질까요?

그렇습니다. 부모, 선생님과 서포터 그리고 누구보다 아이 자신. 서포트북은 이들 모두를 행복하게 합니다.

기본적으로 서포트북은 아이 자신을 위한 것임을 꼭 기억하세요.

⏳ 서포트북 만들기 전 유념할 것

'아이 자신을 위해'라는 말을 들으면 "빠짐없이 완벽하게 만들어야만 해"라는 압박감에 짓눌리는 부모도 있을 겁니다. 그래서 제가 서포트북을 만들고 공유하면서 들었던 얘기 중 도움이 되었던 조언을 소개합니다.

서포트북의 주인공은?

서포트북 만들 때 '훌륭한 작품이 아니어도 된다',
'완벽하지 않아도 없는 것보다 낫다'라는 마음으로 먼저 시도한다.

서포트북 만들 때 마음가짐

- 완성도가 높을 필요는 없다.
- 필요한 상황에서 획획 갈겨 써서라도 만들어내는 신속한 행동이 중요하다.
- 아이는 시시각각 바뀌므로 완성본이라는 게 있을 수 없다!
- 중요한 것은 지금 이 순간이다!
- 급조한 것이라도 없는 것보다 낫다!

  (고메이 특별지원학교 교사 야마구치 히로유키)

- 서포트북은 십인십색이다.
- 완성본이 아니어도 괜찮다!
- 컴퓨터가 없어도, 손으로 쓴 것도 다 OK!

  (나토리 특별지원학교 교사 우에노 나오미)

어떻습니까? 서포트북에 대한 부담감이 좀 덜어졌나요?

'훌륭한 작품이 아니어도 된다.'

'완벽하지 않아도 없는 것보다 낫다.'

우선은 이런 마음으로 만들어 봅시다!

10

서포트북에
무엇을 쓸까

이제 서포트북 만들기에 관해 설명하겠습니다.

먼저, 서포트북에는 무엇을 쓰면 좋을까요?

서포트북에 들어갈 항목과 내용에 관해 생각해 보겠습니다.

서포트북의 주인공은 아이라고 말씀드렸습니다.

그러므로 아이를 처음 접하는 서포터가 아이에 대한 전반적인
사항을 바로 알 수 있도록 아이의 장애, 성별, 나이, 발달 상태 등
기본 정보를 적습니다.

그리고 명확히 전달하지 않으면 아이가 어려움을 겪게 될 일과
그럴 때의 대응 방법과 지원 방법 등에 관해서도 적습니다.

서포트북에 기록할 항목과 내용은 아이마다 제각기 다를 것이
고 다를 수밖에 없습니다.

중증 지적장애가 있는 아이일 때

중증 지적장애가 있는 아이의 서포트북에는 어떤 내용이 들어
가야 할까요?

지적장애가 있는 아이는 식사나 옷 갈아입기 등 전반적인 일상
행위를 혼자서 할 수 없습니다. 말을 하지 못하므로 의사소통도
불가능합니다. 그 때문에 불쾌한 일이 있거나 무언가 전하고 싶
을 때는 자기 자신이나 타인 혹은 물건을 마구 때리거나 울음을
터뜨립니다. 또한 생각지도 않은 일로 감정 폭발을 일으키거나 아
무거나 함부로 만지기도 하고 느닷없이 뛰어나갈 때도 있습니다.

따라서 이런 아이의 경우 기록할 항목은 일상생활 전반을 다
포함해야 합니다.

각각의 항목을 먼저 정리한 후 항목별로 지원하는 방법을 구체
적이고 세밀하게 적습니다.

지적장애가 없는 아이일 때

지적장애가 없는 아이의 경우는 어떨까요?

일상 행위, 즉 식사와 옷 갈아입기 등을 꾸준한 연습해왔다면
대부분 스스로 할 수 있습니다. 말도 할 수 있어서 단어로도 의

서포트북에 기록할 내용

식사

옷 갈아입기

감정 폭발

서포트북에 들어갈 항목과 내용에는 아이에 관한 정보부터 일상생활 전반과
의사소통 등 원활하게 지원할 수 있는 모든 정보와 방법이 들어간다.

사를 표현합니다.

그러나 대개 일방통행적인 대화로, 원활한 의사소통이 가능한 경우는 많지 않습니다. 그러므로 부모 이외의 사람과는 원만히 어울리지 못하는 경향이 강합니다. 특히 집단 속에서 그 경향이 강하게 나타나 갑자기 교실에서 뛰쳐나가기도 합니다.

따라서 이런 아이의 경우 생활에 관한 기록보다 아이와 의사소통하는 방법, 사람과 관계 맺을 때의 배려, 구체적으로 지원하는 방법에 관한 항목을 중심으로 적는 것이 좋습니다.

상황에 맞게 서포트북 사용하기

서포트북은 장소와 용도에 따라 여러 개 만들면 좋습니다. 기록할 항목과 내용이 사용하는 상황에 따라 달라야 하기 때문입니다. 예를 들면 주간보호시설과 병원 진료의 경우에는 어떨까요?

주간보호시설에 보내는 서포트북이라면 우선 자기소개 등의 기본 정보와 함께 아이가 좋아하는 실내 놀이와 놀잇감 등을 쓰는 것이 좋습니다.

병원에 가는 경우에는 장애 특성과 함께 과거력(과거에 경험한 질병, 상해 정보)을 상세하게 기록합니다. 또한 '실내에서 기다리지 못하므로 차에서 대기하게 한다' 등 대기실에서 배려가 필요한 사항과 '하얀 가운을 무서워한다', '바늘이나 가위처럼 뾰족한 물건을 무서워한다'와 같이 진료실에서 배려가 필요한 사항을 기록합니다.

▌ 서포트북에 기록할 기본 항목 12가지

서포트북에 들어가는 기본 항목과 내용을 크게 12가지 항목으로 정리하여 소개합니다.

---

❶ 자기소개

❷ 장애에 관한 정보

❸ 의학적 정보

❹ 감정 폭발에 관한 정보

❺ 집착에 관한 정보

❻ 의사소통에 관한 정보

❼ 싫어하는 자극과 잘 대처하지 못하는 자극

❽ 안전 대책

❾ 일상생활 보조에 관한 정보

❿ 좋아하는 것과 현재 푹 빠져 있는 것

⓫ 놀이

⓬ 현재 가장 염려되는 점과 지원할 때 주의할 점

---

❶ 자기소개

• 아이의 이름, 나이, 성별

• 아이를 부르는 호칭(아이가 잘 알아듣는 호칭)

• 아이의 학교명, 가족 구성

- 최근 아이 얼굴 사진
- 아이가 좋아하는 야외 스포츠
- 아이가 좋아하는 실내 놀이

❷ 장애에 관한 정보

- 아이의 장애에 관한 일반적 설명
- 과민 증상과 집착 등 아이의 특성에 관한 설명

❸ 의학적 정보

- 다니는 병원, 연락처, 담당 의사
- 내복약 및 복용 방법
- 알레르기 유무
- 지금까지 걸린 질병과 상해

❹ 감정 폭발에 관한 정보

- 감정 폭발을 일으키는 원인
- 감정 폭발 상태에 빠질 때의 상태와 대응 방법

❺ 집착에 관한 정보

- 집착하는 물건과 행동 등 집착에 관한 내용
- 기본적인 대응 방법

서포트북

기록 내용

❻ 의사소통에 관한 정보

- 의사를 주고받는 방식, 주의할 부분
- 특히 아이의 독특한 신호가 있다면 몇 가지 기재

❼ 싫어하는 자극과 잘 대처하지 못하는 자극

- 구체적인 내용
- 그 자극에 대응하는 방법
- 패닉과 짜증의 원인과 겹치므로 필요에 따라 기록

❽ 안전 대책

- 일상생활 속의 다양한 위험 요소
- 그에 대한 구체적인 안전 대책

❾ 일상생활 보조에 관한 정보

식사

- 음식 알레르기 유무
- 특히 좋아하는 음식, 싫어하는 음식, 꺼리는 음식
- 식사 방법, 구체적으로 지원하는 방법
- 에티켓 측면 등 신경 쓰고 있는 부분

화장실 사용

- 구체적으로 지원하는 방법
- 다양한 변기 타입에 대한 대응
- 에티켓 측면의 구체적인 지원 방법
- 주간과 야간의 대응이 다를 경우는 각각의 구체적인 내용

옷 입고 벗기

- 구체적으로 지원하는 방법
- 기온에 따른 조정

목욕·양치질·세수

- 각각 구체적으로 지원하는 방법

수면 정보

- 잠들기 위한 환경 조성
- 도저히 잠들지 않을때 지원하는 방법

성적인 부분에 관한 정보

- 에티켓 측면을 포함하여 구체적으로 지원하는 방법

⑩ 좋아하는 것과 현재 푹 빠져 있는 것

- 구체적인 내용
- 신경 쓸 부분

⑪ 놀이

- 바깥 놀이, 실내 놀이의 구체적인 내용과 지원 방법
- 특히 주의할 점

⑫ 현재 가장 염려되는 점과 지원할 때 주의할 점

- 특히 주의해 주시도록 당부하고 싶은 점

서포트북 만들 때
유의할 사항

기본 항목만으로도 상당한 분량이 됩니다. 하지만 부모 입장에서는 그래도 부족하다는 생각에 불안할 수 있습니다.

'이 정도로 괜찮을까?', '이것도 중요하고, 저것도 중요한데!' 등을 생각하는 동안, 부모 머릿속은 뒤죽박죽이 됩니다. 그런 걱정으로 이것도 넣고 저것도 넣는다면 정보를 두서없이 욱여넣은 서포트북이 되고 말 것입니다.

그러면 막상 필요할 때 원하는 정보를 쉽게 찾지 못하겠죠. 서포트북을 만든 의미가 없어집니다. 정말 안타까울 것입니다.

서포트북에 가장 먼저 쓸 것

첫 번째는 아이가 '다치지 않는 것'

가위는 써도 되지만,
내놓은 채로 두면 안 돼.
이걸 서포트북에 써야겠다!

서포트북을 사용하는 사람의 관점에서 생각할 때 가장 우선되어야 할 것은
아이의 안전과 탠트럼을 일으키지 않도록 대응하는 지원 방법이다.

❚ 사용자 관점에서 생각해 보기

우선 차분하게 매일의 생활을 곰곰이 떠올려 봅시다. 그러면 매일 반복해서 하는 행동과 지원하는 방법 중에서도 중요한 것과 핵심적인 것이 있다는 것을 깨달을 것입니다. 그것에 우선순위를 두고 서포트북을 제작해 봅시다. 중요한 것부터 일목요연하게 정리한 서포트북은 아이를 보다 효율적으로 지원하는 데 큰 도움이 됩니다.

그것이 효과적으로 활용할 수 있는 서포트북으로 가는 첫걸음입니다!

하지만 우선순위를 정하기가 의외로 힘들 수 있습니다.

이때 중요한 것이 '사용자의 관점에서 생각해 보기'입니다.

부모는 아이가 다치거나 감정 폭발을 일으키지 않도록 날마다 방법을 생각하고 일일이 대응하고 있습니다. 그러다 보니 그것이 부모에게 당연한 일이 되어 의식하지 못할 수도 있습니다.

너무 당연하게 하는 것이라 서포트북에 쓰는 것을 잊어버리기도 합니다. 그래서 안전과 보호를 위해 필수적인 정보 대신에 이것저것 잔뜩 추가하곤 합니다.

❚ 누가 서포트북을 사용하는가

그러면 사용자인 서포터의 관점에서 서포트북을 본다면 어떻게 달라질까요?

최우선이 되어야 할 것은 '아이를 안전하게 지키고, 아이가 다치지 않는 것'입니다. 두 번째는 '가능한 한 빨리 신뢰 관계를 쌓는 것'입니다. 그리고 세 번째는 '쾌적하고 알찬 시간을 보내게 해주는 것'입니다.

그렇기 때문에 부모에게는 너무 당연하여 기록하지 않거나 빠트린 정보가 서포터에겐 가장 필요한 정보가 될 수 있습니다. 그것이 부모와 서포터의 차이입니다. 서포터북을 만들 때 '사용자의 관점에서 생각하는 것'을 잊어서는 안됩니다.

> 서포트북 만들 때 꼭 기억해야 할 것
> - 서포트북의 주인공인 아이의 눈높이로 생각한다!
> - 우선순위를 먼저 생각한다!
> - 서포트북 사용자의 입장이 되어 생각한다!

무엇을 쓰면 좋을지 잘 모를 때마다 기본으로 돌아가서 다시 생각합시다.

12

서포트북 빈칸을
어떻게 채울까

그러면 서포트북에 무엇을 어떻게 쓰면 좋을까요?

그래서 〈우리 아이 발견 작성표〉 예시를 소개하였습니다. 아이에 관해 하나하나 떠올리며 각 항목의 빈칸을 채워갑니다.

모든 항목을 단번에 다 채울 수 있는 부모는 거의 없습니다. 처음에는 전부 채우지 못하는 것이 당연하고요. 그러니 우선 작성할 수 있는 부분부터 채워 봅니다. 모르는 부분은 비워두세요.

▌쓸 수 있는 부분과 쓸 수 없는 부분

식사 등 일상생활의 '현황', 감정 폭발 같은 '상태', 의사소통, 좋아하는 것, 놀이하는 '모습' 등 아이의 상태가 금세 머릿속에 떠오르는 부분은 비교적 쉽게 쓸 수 있을 것입니다.

　문제는 각 항목의 '원인'과 '대응', '수단', '주의할 점'이라는 빈 칸입니다. 그리고 '아이 자신이 힘들어하는 부분'과 '걱정하는 부분', '자폐 경향 신호'라는 익숙하지 않은 항목일 것입니다('자폐 경향 신호'는 PART 3. 166~172쪽에서 설명합니다).

　빈칸을 못 채우면 대부분의 보호자는 조바심이 들 것이고, 그동안 충분히 관심을 기울이지 못했나 싶어 펜을 든 손이 멈출 것입니다.

　하지만 괜찮습니다. 작성하지 못하는 자신의 모습을 발견하는 것도 중요하기 때문입니다.

　한편 아이의 상태에 따라 매번 바꿔야 하는 것도 있습니다. '힘들어하는 부분/걱정하는 부분' 항목입니다. 자폐가 있는 아이는 그때그때마다 집착의 정도와 싫어하는 것에 대한 인내심의 정도가 달라집니다. 당연히 아이가 힘들어하는 것, 싫어하는 것도 바뀌고 그에 따라 지원하는 방법도 바뀐다는 의미입니다. 따라서 이 항목에는 '요즘 가장 힘들어하는 것'을 적습니다.

〈우리 아이 발견 작성표〉 작성 예시

항목	상태 / 현황	원인 / 행동	대응 / 지원 (구체적으로)	우선 순위
멜트다운	• 자기 몸옆이나 이마를 세게 때리며 멈추지 않는다. • 다른 사람에게 달려들어 머리를 받는다. • 벽과 턱지를 때려 부순다.	• 지폐 경향이 강할 때 강한 불쾌 자극이 있다. • 자기가 책임받는다고 느낀다. • 극심한 혼란에 빠졌다.	• 기본적으로 예방이 최고다. • 지폐 경향 신호를 파악하고 싫어하는 자극을 조정하여 혼란에 빠지지 않게 한다. • 멜트다운을 일으키면 함부로 말을 걸지 않는다. • 차분하게 지켜본다. • 주위에서 파손되거나 다치기 쉬운 물건을 제거한다. • 공격당할 때는 거리를 둔다. • 맞물게 되었을 때는 박자기에 주의한다. • 진정할 때까지 혼자 있게 둔다.	5
의사소통	• 말은 거의 하지 못한다. • 일상적인 지시는 구두로도 가능하다. • 의사 확인은 메모를 사용한다. • 또는 구체적인 물건을 제시한다.	• 독자적인 신호가 있다. • 화장실에 가고 싶을 때는 한손 소리처럼 '화장실'이라고 말하며 아랫배를 통통 두드린다. • 혹은 양손을 모아서 '주세요'라고 말한다.		9
대인 관계	• 스스로 적극적으로 다가가지는 않는다. • 모든 것을 키리의 방식대로 맞춰주면 지시가 통하지 않는다.	• 용무가 있을 때는 그 사람의 어깨를 톡톡 쳐서주웁다.	• 첫 대면이 중요하다. • 침착한 태도로 지시는 알기 쉽게 한다. • 키리의 페이스에 끌려가지 않도록 한다	4
싫어하는 자극/ 현재 깨리는 것				

13

막상 하려니
빈칸이 잘 채워지지 않을 때

〈우리 아이 발견 작성표〉를 채워가다가 보호자나 부모 대부분
이 도저히 못 쓰겠다고 고민하는 부분이 각 항목의 '원인', '대응',
'수단', '주의할 점' 등일 것입니다.

하지만 부모가 제대로 지원하고 있지 않아서 못 쓰는 것이 아닙
니다. 오히려 매일 아이와 함께 있기에 일상에 매몰되어 의식하지
못하는 것뿐입니다.

일단 작성표를 작성한 후 빈칸을 채울 수 없었던 항목을 의식
하면서 생활 속에서 아이를 관찰하고 마주하는 시간을 더 갖기
를 바랍니다. 그러면 무의식적으로 지원하고 있어서 의식하지 못
했던 것, 일상이 되어서 무심코 흘려보냈던 것, 간과했던 아이로

부터의 신호, 자기 자신에 관한 것, 자신이 해온 지원 방법의 내
용이 보일 것입니다.

▎ 생각의 순환과정

아이와 찬찬히 마주할 때 도움이 되는 방법이 있습니다.

그것은 'Do → Look → Think → Plan → Do'라는 생각의 순
환과정입니다.

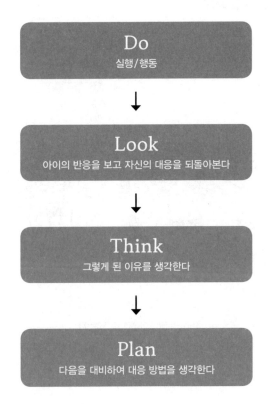

아이의 행동에 당황했을 때

아이의 행동이 왜 나타났는지
'Do → Look → Think → Plan → Do'의 생각의 순환과정에
대입해서 생각해본다.

✗ 느닷없이 울어버린 A 군의 사례

구체적인 사례를 살펴볼까요? 자폐 아동 A 군의 집에서 있었던 일입니다. A 군은 거실에서 모형기차놀이에 여념이 없었습니다. 무언가 중얼중얼 혼잣말을 하고 빙긋이 웃기도 하며 기차를 움직이고 있습니다. 날이 저물어 어머니가 전등을 켜도 어머니 쪽을 보려고 하지 않았습니다.

저녁 준비가 다 되어서 어머니가 A 군의 뒤쪽에서 "A야, 저녁 먹자. 기차놀이는 이제 그만하자. 정리하렴!"이라고 큰 목소리로 말했습니다. 어머니는 주방에 있었고 놀이에 집중한 A 군에게 들리도록 크게 말한 것이었습니다. 그러나 순간 A 군은 동작을 멈추더니 느닷없이 울음을 터뜨리고 모형기차를 마구 헝클어뜨리면서 여기저기 던졌습니다. 어머니는 갑작스러운 상황에 당황했습니다.

✗ 생각의 순환과정에 대입하기

이것은 자폐 아이와 생활하는 가정에서는 흔히 볼 수 있는 광경입니다. 하지만 흔히 있는 일이라고 해서 흘려넘기면 작성표의 공란은 언제까지나 빈 채로 남을 것입니다.

이 상황을 'Do → Look → Think → Plan → Do'의 생각의 순환과정에 대입해서 생각해 봅시다.

〈생각의 순환과정〉예시

Do
실행/행동

Do는 〈우리 아이 발견 작성표〉의 '상태·현황'에 해당함

"밥 먹자"라고 말했더니
갑자기 아이의 감정 폭발을 일으켰다.

Look
아이의 반응을 보고 자신의 대응을 되돌아본다

Look은 〈우리 아이 발견 작성표〉의 '상태·현황'에 해당함

평소처럼 말했는데
아이의 감정 폭발을 일으켰다.
폭발 전에 나는 아이에게 무엇을 했을까?

* 언제 ················ 저녁 식사 전
* 어디에서 ·········· 나는 주방에 있었고, A 군은 거실에 있었다.
* 누가 ················ 저녁 준비가 다 되어서 내가
* 무엇을 ············· 모형기차놀이에 몰두하고 있는 A 군에게
* 어떻게 ············· A 군의 등 뒤에서, 큰 목소리로 조금 재촉하
듯이 기차놀이를 그만하라고 말했다.

Think
그렇게 된 이유를 생각한다

Think는 〈우리 아이 발견 작성표〉의 '현황·원인·계기'에 해당함

- 상태 ·················· 혼잣말과 웃음이 나올 정도로 모형기차놀이
  에 몰두하고 자기만의 세계에 빠져 있었다.
- 환경 ·················· 주위는 조용했고, 각자 다른 공간에 있었다.
- 실행/행동 방법··· 느닷없이 다른 공간에서 등 너머로 "끝내자"
  라는 강한 어조의 말을 들으면 당황하거나 화
  가 날 수도 있다.
- 타이밍 ·············· 모형기차놀이에 푹 빠져 있을 때 갑자기 말을
  걸면 깜짝 놀랄 수도 있다.

Plan
다음을 대비하여 대응 방법을 생각한다

Plan은 〈우리 아이 발견 작성표〉의 '대응·수단·주의할 점'에 해당함

상태 관찰과 조정
- 아이의 모습을 보며 노는 시간을 세밀하게 조정한다.
- 놀고 있을 때의 모습(웃음, 혼잣말 등)을 관찰한다.
- 과몰입하지 않도록 도중에 휴식시간을 넣는다.

실행/행동 방법

* 노는 시간을 미리 약속한다.
* 놀이 시간과 '종료'를 아이가 보고 이해할 수 있도록, 타이머를 사용하거나 시계 카드와 실물 시계를 나란히 둔다.
* 자기만의 세계에 푹 빠져 있는 상황에서 말을 걸 때는 아이의 정면에서 눈높이를 맞추고 절제된 목소리로 말한다.
* 자기만의 세계에 빠져 있을 때 갑자기 말을 거는 것은 바람직하지 않다.
* 주의를 끌 때는 손가락으로 톡톡 두드리고 시계 등을 가리킨다.

실행/행동의 타이밍

* 자기만의 세계에 빠져 있을 때는 아이의 상태를 보며 행동한다.
* 혼자만의 세계에서 웃거나 혼잣말이 절정일 때 개입하는 것은 바람직하지 않다.
* 웃음과 혼잣말이 한순간이라도 멈추거나 적어졌을 때 행동한다.

이 생각의 순환과정을 기본으로 아이와의 관계를 분석하며 살펴보면 지금까지와는 다른 아이의 모습과 자신의 모습이 보이기 시작할 것입니다. 저절로 '어머, 신기하다!'라는 말이 나올지도 모릅니다.

이렇게 〈우리 아이 발견 작성표〉를 염두에 두고 아이와 차분히 마주하면서 대응 방법을 찾아봅니다.

14

〈우리 아이 발견 작성표〉를
서포트북으로 바꾸기

〈우리 아이 발견 작성표〉를 채워보면 표 그대로 지원 방법 자료로 사용할 수 있겠다는 생각이 들 것입니다. 그런데 작성표를 실제로 사용해 보면 불편한 점이 많습니다. 그러므로 사용하기 편하도록 '작성표'를 '서포트북'으로 변신시키는 것이 좋습니다.

A 군의 사례를 활용하여 방법을 소개하겠습니다.

▌ 작성표부터 먼저 정리하기

우선 생각의 순환과정 'Do(실행/행동) → Look(아이의 반응을 보고 자신의 대응을 되돌아본다) → Think(그렇게 된 이유를 생각한다) → Plan(다음을 대비하여 대응 방법을 생각한다)' 순서로 정리합니다.

생각의 순환과정에 대입하면

Do의 모형기차놀이는 '좋아하는 것'

Look의 혼자서 조립하며 놀고 있었던 것은 '현황'

Think의 A 군 상태와 환경은 '주의할 점'

Plan의 구체적인 대응이 '대응'에 해당합니다.

〈'우리 아이 발견 작성표' 작성 예시〉

항목	상태/현황	원인/행동	대응/지원(구체적으로)	우선순위
좋아하는 것	• 모형기차놀이를 아주 좋아한다. • 혼자서 조립하며 논다.	• 좋아하는 놀이이므로 지나친 몰입 주의! • 몰두하면 혼잣말이 늘고, 계속 싱글싱글 웃는다. • 그만하라고 하면 탠트럼을 일으킨다. • 타인 공격이나 물건 파괴 행위도 나타난다.	• 사전에 너무 길지 않은 놀이 시간을 설정하고, 도중에 휴식시간을 추가한다. • 시계에 타이머 표시. • 일단 싱글싱글 웃기 시작하면 휴식하자는 말을 하는 것은 바람직하지 않다. • 타이머를 톡톡 손가락으로 가리켜 시간을 알려준다.	
실내 놀이				
대인 관계				

106

작성표를 '서포트북'으로 옮기기

다음은 〈우리 아이 발견 작성표〉를 '휴대용 서포트북'으로 변신시켜 보겠습니다.

휴대용 서포트북은 쉽게 정보를 찾을 수 있고 눈에 잘 띄게 하는 것이 핵심입니다. 기본적으로 항목별로 페이지를 배정하고, 그 페이지에는 반드시 인덱스를 붙입니다. 문장은 짧게, 포인트별로 정리합니다. '이해하기 쉽게!'가 모토입니다.

〈 '휴대용 서포트북' 작성 예시 〉

좋아하는 것

현황
- 모형기차놀이를 아주 좋아한다.
- 혼자서 조립하며 논다.

행동
- 좋아하는 놀이이므로 지나친 몰입 주의!
- 몰두하면 혼잣말이 늘고, 계속 싱글싱글 웃는다.
- 그만하라고 하면 탠트럼을 일으킨다.
- 타인 공격 및 물건 파괴 행위도 나타난다.

대응
- 사전에 너무 길지 않은 시간 설정, 도중에 휴식시간을 추가한다.
- 시계에 타이머 표시하기.
- 일단 싱글싱글 웃기 시작하면 휴식하자는 말을 하는 것은 바람직하지 않다.
- 타이머를 톡톡 손가락으로 가리켜 시간을 알려준다.

"아이가 조금씩 이해되기 시작했어요"

많은 선생님과 활동지원사들이 아들 키라를 지원하고 성장시키는 데 서포트북이 큰 역할을 했다고 말씀해 주었습니다. 긍정적인 피드백을 받은 후 저는 같은 처지의 보호자들을 돕기 위해 정기적으로 서포트북 작성 워크숍을 열고 있습니다. 워크숍에 참가한 어머니들에게서 저는 다음과 같은 말을 자주 듣습니다.

"서포트북을 만들면서 새롭게 아이를 의식하며 보게 되었습니다. 그러자 아이가 조금씩 이해되기 시작했어요. 그리고 아이를 더 잘 알고 싶어졌습니다."

"아이의 장애를 '불가능하다'라거나 '난처하다'라는 변명거리로 삼았을 뿐, 아이와 제대로 마주하지 않았던 제 모습을 발견했습니다. 저 자신이 변화하려는 노력은 뒷전에 놓고 아이만 바꾸려고 안간힘을 쓰고 있었습니다."

이런 말은 제자리걸음만 하던 어머니들이 더욱 주체적으로 아이를 대하고자 하는 변화의 시작을 알리는 증표입니다.

전문적인 지원 방법이나 장애 특성을 잘 알지는 못하더라도 365일, 24시간 함께 있는 부모이기에 아이가 무심코 하는 몸짓 하나에서도 아이의 기분을 정확히 헤아릴 수 있습니다. 어머니들의 이런 의식 변화도 서포트북이 주는 또 하나의 멋진 선물입니다.

서포트북 제작을 계기로 '우리 아이 전문가'가 되도록 함께 힘을 냅시다.

'우리 아이 전문가'를 향하여 나아갑시다!

서포트북
해석편 (좌) 실전편 (우)

서포트북 해석편   서포트북 실전편

이제부터 '서포트북 만들기'를 본격적으로 소개하겠습니다.
서포트북은 '해석편'과 '실전편'으로 나눴습니다.
위 사진은 아들 키라가 특별지원학교 고등부에 다닐 때
실제 사용한 서포트북입니다.

자폐 아이를 지원하기 위한 정보와 대응법이 담긴 서포트북!
PART 3. 해석편에서는 서포트북의 주인공 자폐 아이의 기본 특성,
즉 상동행동, 집착, 감정 폭발 등의 자폐 정보와 대처법을!
PART 4. 실전편에서는 자폐 아이의 일상생활을 실질적으로 지원하는 방법과
이를 편리하게 활용할 수 있는 휴대용 서포트북 위주로 소개하였습니다.

실제 사용한 〈휴대용 서포트북〉

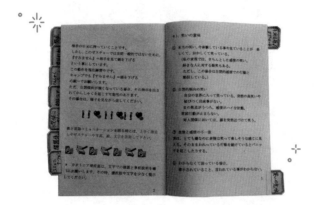

서포트북에 다양한 생활 영역에서 지원할 항목과 방법이 세세하게 적혀 있어서 깜짝 놀라실 겁니다. 당연히 책에서 소개하는 서포트북과 실제 사용하는 서포트북에는 차이가 있습니다. 시작이 중요합니다. 부담 없이 가볍게 해보세요. 하다 보면 점점 활용도 높은 서포트북이 만들어질 것입니다.

서포트북 실전편

위 사진은 실제 사용한 〈휴대용 서포트북〉입니다. 활동 현장에서 곧바로 꺼내어 적용할 수 있도록 지원이 필요한 이유와 구체적인 지원 방법을 핵심 위주로 간단히 적었습니다. 바로 PART 4. 실전편에서 소개합니다.

서포트북 해석편

물론 휴대용만으로는 아이를 온전히 지원하기는 대단히 어렵습니다. 적절하게 지원하려면 서포터들이 자폐의 특성과 행동의 의미를 이해해야 합니다. 그래서 휴대용 서포트북을 전달할 때 자폐의 특성이 추가로 설명된 별도의 자료도 드리고 있습니다. 그 별도 자료에 들어간 내용은 PART 3. 해석편에 담았습니다.

자폐 아이가 적절하게 지원을 받으려면 서포터들이
아이의 자폐 특성과 행동의 의미에 대한 사전 이해가 필요합니다.
PART 3에서는 중증 자폐가 있는 아들 키라의 특성, 즉 상동행동과 집착,
감정 폭발, 자폐의 경향과 웃음 등에는 어떤 '신호'가 있으며
'마음의 소리'는 무엇인지 저자의 스타일로 정리한 것을 소개합니다

서포트북에

꼭 넣어야
할 자폐 정보
해석편

1

서포트북에
가장 먼저 기재할 것

가장 먼저 중증 자폐가 있는 아들 키라와 함께 사는 가족의 심경과 염원을 밝힌 후 아이의 '자기소개'를 합니다.

▌ 가족의 염원

키라는 자폐가 있어서 사회의 상식과 매너를 익히기 어렵지만, 조금씩이라도 이 사회를 알아가고 사회에 적응하는 힘을 길러야 합니다. 앞으로 살아가는 데 있어서, 또한 삶의 질을 높이고 삶의 범위를 넓혀가는 데 꼭 필요하죠. 그러기 위해서는 가족 이외의 사람과도 다양한 관계를 맺어야 하고, 보다 많은 것을 경험해야 합니다. 그런 과정에서 가족의 눈으로는 발견하지 못했던 부분도

114

알게 되고 문제점을 명확히 밝힐 수도 있다고 생각합니다.

아무래도 아이의 장애가 중증이므로 무엇을 하든 지원이 필요합니다.

아이가 가족 이외의 사람에게도 자신의 의사를 전달할 수 있고, 서포터의 지시가 확실하게 전달될 수 있기를 바랍니다.

그리고 아이가 '재미있었다', '즐거웠다', '해냈다!'라는 감정을 마음껏 느끼며 살길 바랍니다.

그것이 우리 가족의 염원입니다.

▮ 자기소개

자기소개 …… 친해지기 위해 중요한 첫걸음.

서포트북의 첫 항목 – 자기소개

**처음 뵙겠습니다!
잘 부탁드립니다!!**

설명하지 않아도 일목요연.
한눈에 알 수 있는
최근 얼굴 사진은 필수

한자도 같이 표기

이름 : 高橋 きら (다카하시 키라)

호칭 : '키라', '키라 씨', '키라 군', '다카하시 군' ··· 연습 중

나이 : 17세 (1990년 3월 ○일 출생)
학교 : K 특별지원학교
가족 : 아버지, 어머니, 남동생 마우스 (중학교 1학년)
　　　　 고양이 주니어 판다
좋아하는 스포츠 : 스키, 등산, 물놀이, 자전거
실내 놀이 : 동영상 시청, 모양 끼우기 퍼즐

어떤 호칭을 사용하면
알아듣는지 알아야 함.
별명이나 애칭도 기재할 것

친해지기 위한 정보들.
자연스럽게
말을 걸 때 유용함

116

2

아이를 지원할 때
꼭 기억할 것

   자폐는 복합적 원인으로 나타나는 선천적인 뇌 발달장애입니다. 자폐(自閉)라는 한자 때문에 오해하기 쉽지만 무언가 강한 충격을 받아 스스로 마음을 닫아버리거나 말을 하지 않는 정신적 장애가 아닙니다. 부모의 양육방식 때문에 유발되는 장애도 결코 아닙니다. 먼저 이 점을 이해해 주세요.

▎항상 아이디어 생각하기

   아들 키라는 지적장애가 있는 전형적인 '중증 자폐'입니다.

   그것은 키라가 따라 하는 능력(모방 능력)이 부족하다는 점과 관련이 깊습니다. 또한 아이에게는 집착, 상동행동, 과잉행동, 자

인지력 낮은 아이를 지원할 때

낮은 인지능력으로 인해 주위 상황과 규칙을 이해하지 못하는 아이를
지원할 때는 아이가 쉽게 이해할 수 있는 환경을 조성하는 것이 핵심이다.

해, 타인 공격과 물건 파괴 행위 등 중증 행동장애와 심한 수면 장애도 있습니다. 그로 인해 매일의 생활에 어려움과 고충이 있어 주위의 적절한 배려와 지원이 절실히 필요합니다.

아이가 겪는 고충 중에는 '주위의 규칙과 상황에 맞춰 행동하지 못한다'는 점이 있습니다. 낮은 인지 능력으로 인해 주위 상황과 규칙을 이해하지 못하기 때문입니다. 그러나 아이가 이해할 수 있도록 적절하게 환경을 조성하고, 이해하기 쉬운 지시 방법에 대한 아이디어를 찾아내면 이러한 어려움은 충분히 줄일 수 있습니다.

인지력 낮은 아이를 지원할 때 핵심 사항

- 아이가 이해하기 쉽도록
- 아이가 쾌적하게 지내도록

아이디어는 서포트북 참고하기

그러면 어떻게 지원해주면 좋을까요?

서포트북 안에 정답이 있다고 장담할 수는 없더라도 서포트북에 기재한 정보가 선생님들에게 작은 힌트가 될 수는 있습니다. 그리고 아이에게 실제로 지원하는 도중에 "그렇구나, 이런 의미였구나"라고 점점 이해할 수 있으면 좋겠습니다.

키라는 중증 지적장애가 있고 모방 능력이 거의 없습니다. 각종 감각 과민에 따른 심한 편식, 자해 행위와 타인을 때리거나 물건을 부수는 타해 행위, 괴성을 지르며 뛰어다니고 옷을 입으려하지 않는 등의 부적절한 행동도 강하게 보입니다. 그러므로 일반적인 자폐 지식이나 지원 방법만으로는 '아이가 이해하기 쉽고 쾌적하게 지낼 수 있도록' 지원하기 쉽지 않습니다.

그래서 지금까지 날마다 아이의 행동과 상태를 관찰하고 그것을 분석했습니다. 계획을 세우고 실행해본 후 아이의 반응을 관찰하고, 또 분석했습니다. 다시 계획을 세우고 실행하기를 되풀이해왔습니다.

그렇게 필사적으로 아이를 키워온 엄마이기에 알게 된 것과 깨달은 것, 아이의 반응을 보고 실질적으로 도움이 되는 지원 방법, 지원할 때 꼭 필요하다고 느낀 것 등을 정리한 것이 이번 PART 3에서 소개하는 '서포트북 해석편'입니다.

3

여러 의미가 담긴 '상동행동'

아들 키라는 수많은 상동행동을 합니다. 예는 다음과 같습니다.

- 팔꿈치를 구부리고 손을 팔랑팔랑 흔든다. 또는 손가락으로 딱 소리를 내는 듯한 동작(핑거 스냅)을 한다.
- 과자가 든 봉지 끝을 오려서 흔든다.
- 끊임없이 의미 없는 작은 소리를 낸다('나나나나', '으-응' 등 혼잣말이 많다).
- 몸을 앞뒤로 흔든다(특히 의자에 앉아있을 때).
- 발을 어깨너비로 벌리고 몸을 좌우로 흔든다(주로 서 있을 때).
- 머리를 바르르 떨며 좌우로 흔든다.

쓰기 시작하면 끝이 없을 정도로 많은 상동행동을 합니다.

다양한 상동행동이 동시에 일어날 때

상동행동이 강해지면 자폐 경향도 강해져 더욱 상동행동에 집중하게 된다.
상동행동에 드러난 아이의 감정을 파악하여 원인을 해소해야 한다.

▌ 상동행동이 보내는 신호를 찾아라

모방하는 능력이 부족하고 중증 지적장애가 있는 아이에게 스스로 관심을 가지고 즐길 만한 놀이, 특히 실내 놀이를 발견하기는 매우 어려운 일입니다. 그래서 자신의 몸을 움직이거나 끈을 흔드는 등의 감각 놀이가 중심이 됩니다.

그러다가 감각 놀이가 상동행동이 되어버리므로 그야말로 상동행동 종합세트가 되곤 합니다. 자연스럽게 서포터는 '자폐니까 ……', '중증이니 어쩔 수 없지 ……'라고 생각하며 체념하기 쉽습니다. 하지만 포기하지 않고 파고드는 것이 아이 엄마의 스타일입니다.

상동행동이 강해지면 자폐 경향도 한층 강해집니다. 아이의 의식은 '손 흔들기' 등의 상동행동에 집중하고 몰두합니다. 그러면 지시가 통하지 않게 되어 자칫하면 타인을 해치고 물건을 파괴하는 행위를 하거나 마구 뛰어다니기, 뛰쳐나가기 등의 돌발행동이 일어나곤 합니다. 지금까지 지시도 통하고 침착하게 행동했던 아이가 순식간에 '문제아'로 돌변해버립니다.

그러므로 상동행동을 시작하면 멈추도록 하는 것을 원칙으로 합니다. 그러나 무턱대고 멈추게 할 수는 없습니다. 게다가 상동행동은 쉽게 멈출 수 있는 것도 아닙니다. 그러면 어떻게 하면 좋을까요?

상동행동에 드러난 감정

- 아무것도 할 것이 없을 때 '따분하다'
- 어떤 장소에 처음 갔을 때 '무서워'
- 흥분했을 때 '와, 신난다'

위와 같이 상동행동은 아이의 감정을 나타냅니다. 즉, 상동행동은 아이의 '마음의 소리'이며 **아이가 우리에게 보내는 '신호'**입니다.

상동행동에 담긴 6가지 의미

그래서 각 상황의 상동행동을 분석하여 그 행동이 내포하는 의미를 생각하고 지원하는 것이 중요해집니다.

저는 상동행동의 의미를 다음 6가지로 나누어 생각했습니다.

❶ 따분함

무엇을 해야 할지 모르겠다

❷ 불안, 공포

쉽사리 감정을 진정시킬 수가 없을 때 자신을 진정시키는 안정제 역할

❸ 과잉 흥분 상태, 고조된 기분

그대로 상동행동을 계속하면 흥분 상태가 강화되어, 강한 멜트

다운을 일으킨다

❹ 거부, 불쾌감

싫은 것, 불쾌한 것에 대해 '하고 싶지 않다'라는 거부감. 불편하고 싫은 상황에 대해 '그곳에 있는 것이 괴롭다'라는 불쾌감의 표현

❺ 스트레스 발산

싫은 것, 불쾌한 것을 참다 보니, 그 결과 쌓인 스트레스를 상동행동으로 발산

❻ 멈출 수가 없는 상태

상동행동을 하지 않고는 견딜 수 없고 멈출 수가 없는 상태

우선 '이 상동행동의 의미는 무엇일까?'를 생각해 봅니다. 저역시 처음에는 의식적으로 생각하려 애썼지만 어느새 무의식적으로 생각하게 되었습니다. 서포터도 그렇게 생각할 수 있게 되면 더할 나위 없을 것입니다.

▌ 상동행동에 대한 지원 방법 4가지

상동행동이 의미하는 바를 분석한 다음 그것을 토대로 아이의 상태와 아이가 놓인 환경을 고려하여 접근을 시작했습니다.

상동행동에 대한 기본적인 지원 방법은 다음 4가지입니다.

상동행동에 대한 지원 방법 4가지

❶ 상동행동이 나타나지 않도록 한다 (예방)

❷ 상동행동을 막는다 (제지)

❸ 다른 상동행동으로 옮긴다 (이행)

❹ 상동행동을 지켜본다 (관찰)

이 4가지 기본적인 지원 방법은 아이의 상태나 환경에 따라 예방에서 제지로, 제지에서 이행으로, 이행에서 관찰로, 또 그 역으로 그때그때 바뀝니다.

예를 들어 자폐 경향이 강하고 상동행동이 심화되고 있는 상황이라고 합시다. 동작이 빠르고 강하며 횟수도 증가합니다. 이 상태에서 갑자기 제지하면 역으로 강한 탠트럼이 폭발하고 멜트다운이나 자해·타해 행위를 초래할 수도 있습니다.

이럴 때는 작전을 변경하여 가능한 한 서포터 등 주위 사람을 의식하게 하거나 자폐 경향을 약화시킬 수 있는 상동행동으로 이행시키는 것이 좋습니다. 그리고 차차 진정하면 그때 상동행동을 제지하는 지원 방법을 시작하는 것입니다.

그러면 이제부터 '상동행동의 6가지 의미'에 입각하여 상동행동이 나타났을 때의 지원하는 방법을 순서대로 소개하겠습니다.

4

상동행동 6가지 의미별
대처하는 방법

앞에서 언급한 상동행동의 의미 6가지, 즉 ❶ 따분함, ❷ 불안, 공포, ❸ 과잉 흥분 상태, 고조된 기분, ❹ 거부, 불쾌감, ❺ 스트레스 발산, ❻ 멈출 수가 없는 상태 등에 대처하는 지원 방법을 소개합니다.

▌ '따분함' 상동행동일 때 이렇게 해주세요

대기할 때나 휴식시간 등 무엇을 해야 할지 알 수 없는 시간이 생기지 않도록 합니다. 그런 시간이 생겼을 때는 무엇을 해도 되는지, 무엇은 하면 안 되는지를 사전에 명확히 정합니다.

대기 시간에 할 일을 미리 준비해 둡니다. 또 예정된 프로그램을

무슨 의미의 상동행동일까?

상동행동은 아이의 '마음의 소리'이며 우리에게 보내는 '신호'다.
각 상황의 상동행동을 분석하여 그 행동이 내포하는 의미를 생각하고 지원한다.

사전에 메모, 카드, 구체적인 물건 등으로 아이에게 전달합니다.

아이가 안정적인 상태일 때

- 대기 시간에 들어가기 전에 이후의 스케줄을 알려주고 '앉아서 기다린다', '몸을 흔들지 않는다' 등의 약속 사항을 메모나 카드로 보여줍니다.
- 식사와 진찰 등의 대기 시간에 기본적인 약속 동작은 '앉아서 손은 무릎 위'입니다.
- 이때 장소는 주위 사람의 움직임이 적고 조용한 공간을 찾는 등 아이가 주위의 자극으로 인해 혼란에 빠지지 않을 곳으로 고릅니다.
- 몸을 흔들기 어렵도록 의자에 깊숙이 앉도록 합니다.

아이가 안정적인 상태가 아닐 때

- 앉아서 기다리는 것 자체가 대단히 힘든 과제입니다. 퍼즐이나 영상 시청 등 대기 시간을 위한 프로그램을 준비합니다.
- 대기 시간 자체를 줄일 수 있도록 담당자에게 조정을 부탁드립니다.

상동행동을 제지하는 것이 어려운 데다가 대기 시간을 보내는 프로그램 진행이 녹록지 않을 때는 어느 정도의 상동행동은 허용하고 못 본 체합니다.

단, 자폐 경향이 강화되지 않도록 또 상황에 알맞은 행동이 되도록 덜 두드러지는 상동행동으로의 이행을 꾀합니다. 눈에 띄는 큰 동작이나 괴성, 여기저기 뛰어다니는 행동보다는 앉아서 손을 흔드는 것이 눈에 덜 띄고 자폐 경향도 약해집니다.

손을 흔드는 상동행동을 할 때

팔꿈치를 굽히고 자기 눈앞에 손을 올리고 흔들고 있을 때 "차렷"이라고 말하면 팔꿈치를 펴고 몸 양쪽으로 손을 내린 후 가만히 손가락을 비비는 동작으로 옮겨갑니다. 그러나 팔꿈치를 구부려 눈앞에서 손을 흔드는 동작이나 손가락을 비비는 동작을 하다 보면 '자기만의 세계'에 빠져버리기 쉽습니다. 그럴 때는 주위를 의식하게 함으로써 자기만의 세계에 몰입하는 것을 막을 수 있습니다.

이 '조용한 행동'을 할 때 대부분의 아이는 서포터나 주위 사람을 의식하고 있습니다. 또 그 행동 자체는 크게 눈에 띄지 않습니다. 이렇게 이행하는 것은 다양한 상황에서 사용할 수 있습니다.

▎'불안, 공포' 상동행동일 때 이렇게 해주세요

우선 아이의 불안한 기분을 이해해 주세요. 그리고 원인이 무엇인지 생각해 주세요. 상동행동이 시작되기 전이나 심해지기 전에 무슨 일이 있었는지 되돌아봐 주세요. 또 이제부터 하려고 하는 일과 연관하여 무서운 경험을 한 적은 없는지 확인해 주세요.

원인으로 생각되는 것

- 처음 하는 경험, 처음 가는 장소
- 이제부터 있을 일에 대해 예측할 수 없고, 혼란스럽다
- 이전에 무서운 경험을 했다

상동행동은 자신을 진정시키기 위한 안정제이기도 합니다. 그러므로 무턱대고 제지하는 것은 바람직하지 않습니다. 다른 사람에게 피해를 주지 않는다면 잠시 지켜봐 주세요. 단, 상동행동을 멈출 수 없는 상태가 되지 않도록 늦지 않게 심화 방지로 이행해 주세요.

"괜찮아"라고 말해주기

신뢰하는 사람이 손을 잡아주거나 낮은 목소리로 "괜찮아"라고 말해주면 불안이나 공포를 누그러뜨릴 수 있습니다. 또 메모와 사진 등을 사용하여 사전에 프로그램이나 활동 장소를 전달함으로써 혼란과 불안을 줄일 수 있습니다. 단, 무리하면 안 됩니다. 어떻게 해도 진정되지 않을 때는 탠트럼을 일으키기 전에 원인에서 멀리 떼어놓습니다.

𝕏 '과잉 흥분 상태' 상동행동일 때 이렇게 해주세요

우선은 원인에서 멀리 떼어놓습니다. 가능하면 원인이 보이지 않고, 원인을 연상시키는 소리가 들리지 않는 조용한 장소로 이동시킵니다.

그리고 기본적으로 앉은 자세로 손은 무릎 위에 두고 흥분이 가라앉기를 기다립니다. 상동행동이 심할 때는 눈에 덜 띄는 상동행동으로 이행을 꾀합니다.

산책으로 기분 전환하기

상동행동을 이행시키고 상동행동을 멈추는 방향으로 유도합니다. 산책하러 나가 기분을 전환하거나 눈과 손을 함께 사용하는 과제를 설정해도 좋습니다. 집중력이 떨어진 상태일 경우 과제는 간단한 것으로 변경합니다.

과도하게 웃는 상동행동을 할 때

과도하게 웃고 웃음이 멈추지 않는 등의 반응이 나타날 때는 웃음에 반응하지 않습니다. 그리고 서포터의 얼굴을 보고 눈이 마주치기만 해도 웃음이 심해질 때는 아이와 눈을 마주치지 않습니다. 또 웃음이 멈추지 않을 때는 아이와 거리를 두세요.

말을 할 때는 의식적으로 낮은 목소리, 말꼬리를 내리는 톤으로 해주세요. 웃음이 조금 잦아들기 시작하면 검지를 입술에 대는 제스처를 보이며 "웃지 않아요" 하고 지시합니다.

▌ '거부, 불쾌감' 상동행동일 때 이렇게 해주세요

실제 아이를 지원하기 전에 앞에서 얘기한 〈우리 아이 발견 작성표〉 항목(88쪽과 97쪽 참조) 중에 아이가 '싫어하는 자극, 꺼리는 것'을 반드시 읽어주세요.

본격적으로 지원하게 되면 가장 먼저 아이가 '싫어하는 것', '하고 싶지 않은 것'을 받아들여서 아이를 그것으로부터 멀리 떼어놓습니다. 원인이 되는 것을 치우거나 거리가 떨어진 곳으로 이동합니다.

불쾌·혐오 자극에 적응시키는 목적이거나 다소 괴롭더라도 끝까지 해내는 힘을 익히게 하려는 목적일 때는 아이의 상태를 지켜보며 자극의 정도를 조절합니다.

'싫어하는 것' 표현할 수 있게

'싫어요', '불쾌해요'라는 기분을 상대방에게 전달하는 것은 중요합니다. 키라는 무언가가 싫을 때의 신호로서 싫어하는 것을 멀리 밀어버리거나 손을 가로젓는 행동을 하도록 배웠습니다.

먼저 아이가 스스로 신호를 보낼 수 있도록 서포터가 손을 가로젓는 등의 몸짓을 보여주며 유도해 주세요.

원인에 대한 혐오나 거부 반응이 예상 이상으로 강할 때는 그

상동행동을 제지할 때

손을 흔드는 상동행동을 할 때는 "차렷!"이라고 말한다.

상동행동의 상태에 따라 가능한 범위 내에서 제지하는 방향으로 지원한다.

감정을 다음번 프로그램을 만들 때 반영합니다.

아이의 상태가 안정적이고 지시가 잘 통하며 주위가 조용하여 진정시키기 용이한 환경이라면 상동행동을 제지합니다.

개입 방법은 바로 다음(제지한 후)에 할 행동을 메모지에 적어서 보여주거나 낮고 절제된 목소리로 지시를 전합니다. 예를 들어 손을 흔드는 상동행동을 할 때는 "차렷!"이라고 말합니다.

격할 때는 못 본 체하기

눈에 덜 띄는 상동행동으로 이행시키거나 제지하는 방향으로 이끌어갑니다. 자폐 경향이 강해지지 않도록, 또 상황에 적합한 행동을 하도록 상동행동의 이행을 꾀합니다.

감정을 격하게 분출할 때, 원인에 대한 접근이 어려울 때, 아이를 이동시키기 어려울 때는 상동행동을 보고도 못 본 체합니다.

그때의 상동행동은 스스로 싫은 감정과 거부감을 진정시키고 상황을 받아들이기 위한 안정제 역할을 하기 때문입니다.

단, 상동행동의 상태에 따라 가능한 범위 내에서 '싫은 것', '하고 싶지 않은 것' 등 원인 자체에 대해 대응하고 아울러 심화 방지, 상동행동을 제지하는 방향으로 지원하도록 부탁드립니다.

▌ '스트레스 발산' 상동행동일 때 이렇게 해주세요

먼저 스트레스의 원인을 생각해 봅니다.

원인을 알아냈다면 그 원인에서 멀리 떨어뜨려 주세요. 판명된 원인은 다음에 지원할 때 중요한 정보가 됩니다.

기본적으로는 금지하기

기본적으로 상동행동은 금지합니다. 상동행동 이외의 스트레스 발산 방법이나 기분 전환을 위한 아이디어를 찾아봅니다. 예를 들어 산책이나 자전거 타기, 드라이브, 좋아하는 과자를 먹는 것 등이 있습니다.

다른 스트레스 발산 방법을 찾지 못하거나 아이의 감정이 격하게 표출되는 등 제지하기가 어려운 경우는 그때그때 상황과 아이의 상태를 살펴보며 못 본 체하고 감정이 가라앉을 때까지 지켜봐 주세요.

이때 상동행동을 스스로 제어하지 못하는 상황이 되거나 자폐 경향이 강해지지 않도록, 또 상황에 적합한 행동을 할 수 있도록 눈에 덜 띄는 상동행동으로의 이행을 꾀합니다.

▌'멈출 수가 없는' 상동행동일 때 이렇게 해주세요

상동행동을 하는 현장을 발견하면 우선은 원인을 생각하고 상동행동의 의미 6가지 중에 어느 것에 해당하는지 생각하여 대응합니다.

행동과 행동 사이에 틈새 두기

상동행동이 강할 때일수록 시작과 끝을 명확히 하고 행동의 강약을 조절합니다. 그리고 행동과 행동 사이에 '틈새 = 정지'(차려·정좌 등)를 두어 상동행동에 몰두하는 흐름에 조금씩 '멈춤' 상태를 넣어 소강을 꾀합니다.

예를 들어 장소를 이동하는 상황을 봅시다.

아이가 자리에서 일어서기 전에 손을 무릎 위에 올려놓은 상태에서 5초간 자세를 가다듬게 합니다. 잠시 '틈새'를 두는 것입니다. 먼저 '멈춤 = 움직이지 않음'을 보여주기 위해 서포터의 손바닥을 펼쳐 보인 상태에서 아이에게 "나가자"라고 지시합니다. 이렇게 하는 상황에서 "움직이지 마" 혹은 "가만히 있어" 하고 지시하면 도리어 아이가 혼란에 빠질 수 있으니 주의합니다.

아이의 움직임이 멈추면 아이의 상태에 맞춰 자세 유지 시간을 설정하고 그 후 손바닥을 위로 향하게 하면서 "일어나" 하고 지시하면서 자리를 이동합니다. 앉아있을 때부터 진정이 안 되는 경우라면 우선 자세를 유지하도록 하고 그 상태에서 "나가자"라고 말한 후 이동합니다. 또는 자세 유지 시간을 짧게 합니다.

상동행동이 멈추지 않을 때

조용한 환경으로 이동하기

· 주변이 웅성거리거나 시끄러운 환경에서는 진정되지 않습니

다. 그런 환경은 상태를 악화시키는 결과를 가져옵니다.

개입에는 타이밍이 중요하다

- 상동행동에 몰두하고 있을 때 무리하게 개입하면 강한 반발을 일으켜 심한 자해·타해 행위, 멜트다운을 유발합니다.
- 몰두하고 있을 때라도 잠시 힘이 빠지고 속도가 느려지는 때가 있습니다. 그때가 기회입니다. '차렷!' 자세 등 다음에 할 일을 구체적으로 지시합니다.

아이에게 말을 할 때는

- 정면에서 나지막한 목소리로 짧은 단어로 말합니다.
- 간단한 메모를 제시합니다.
- 등 뒤에서 갑자기 큰 소리로 말하는 것은 주의합니다.

메모 제시는 아이 눈앞에서

- 상동행동이 멈추지 않을 때는 자폐 경향은 심화되고 시야가 좁아져 있는 상태입니다.
- 메모를 제시할 때는 키라의 눈앞에 보여줍니다.

과제, 힌트에 아이디어를 발휘한다

- 상동행동이 멈추지 않을 때는 사물을 주시하는 힘과 집중력이 없습니다. 과제 수준을 낮추고 흥미와 관심이 있는 것, 눈과 손을 함께 사용하는 활동을 과제로 합니다.

5

'집착'에
대처하는 방법

자폐에서 '패턴화 행동'과 '집착'은 바늘과 실의 관계입니다. 패턴화 행동과 집착 때문에 어려움을 겪지만 이것을 잘 활용하기만 하면 다양한 일을 원활하게 할 수 있습니다. 하지만 아이의 패턴화 행동과 집착을 무작정 존중만 하면 아이 자신과 주위 사람 모두가 매우 힘든 상황에 직면할 수도 있습니다.

패턴화 행동과 집착을 잘 활용하는 방법은 무엇일까요?

▌'패턴화 행동' 활용하기

한번 익혀버리면 틀에 박힌 듯 완전히 똑같이 움직이는 것을 패턴화 행동이라고 합니다. 이런 패턴화 행동을 화장실이나 옷 갈아입기 등의 일상적 행위나 일상생활 속의 규칙과 매너, 작업 순서 등을 익힐 때 사용하면 아이도 주변 사람도 모두 편해집니다.

패턴화 행동을 활용해 가르칠 때

처음부터 올바른 순서와 방법으로 가르치기

• 틀린 것을 고치고 다시 익히기는 대단히 힘듭니다. 가르칠 때 처음부터 올바른 순서와 방법으로 조금씩, 가능하면 실물을 사용하여 가르칩니다.

아주 작은 단위로 하나씩 가르치기

• 올바른 순서와 방법, 몸의 사용법을 단계별로 아주 작게 나눠서 하나하나 익힐 수 있도록 합니다. '간단한 일을 하나씩 쌓아 올렸더니 엄청난 일을 해냈다'라고 느끼게 됩니다.

안타깝게도 패턴화 행동이 집착으로 변할 때도 있습니다. 가장 큰 이유는 불안 때문입니다. 불안을 느끼는 상황은 여러 가지입니다. 평소와 다른 것, 평소와 다른 장소 등 환경 변화에 따른 혼란이 있습니다. 또 아이가 성장함에 따라 갑자기 할 수 있는 일이 여러 가지 생기는데 그럴 때 평소와 같은 공간에 있더라도 지금까지 의식하지 않았던 주위 환경이 보이게 되고 머릿속에 들어오는 정보가 갑자기 늘어나면서 혼란과 불안을 느낄 수 있습니다. 신체적으로 컨디션이 안 좋거나 싫어하는 자극, 처음 접하는 상황과 사건 등을 맞닥뜨릴 때도 혼란과 불안을 경험합니다.

아들 키라에게도 수많은 집착이 있습니다. 음식의 촉감과 온도, 손 씻기, 손을 물에 적시는 것, 양말 벗기, 책상 모서리를 따라 손가락 움직이기 등 그 외에도 셀 수 없을 만큼 많은 각양각색의 집착을 보입니다

패턴화 행동이 집착으로 변하는 이유
- 불안을 느끼거나 불안해져서
- 평소와 같은 일, 같은 것, 같은 순서를 고집해서
- 자신을 단단히 무장하기 위해서
- '평소와 같아, 괜찮아'라고 자신을 안심시키기 위해서

▌'패턴화 행동' 무너뜨리기

다양한 집착은 자폐 경향과 짝을 이룰 기회만을 호시탐탐 노립니다. 그리고 매일 새로운 집착이 생겨납니다.

패턴화 행동이 집착으로 변해버렸다면 그때는 패턴을 무너뜨려야 합니다. 하지만 방법적으로는 패턴을 무너뜨린다기보다는 '패턴의 폭을 넓힌다'라는 느낌으로 접근합니다. 즉, 패턴이 완전히 똑같지 않거나 순서나 도구가 조금 다르더라도 비슷한 느낌으로 진행해서 받아들이도록 하는 것입니다.

다양한 '집착'

따끈 따끈

아이가 받아들일 수 있도록 한 가지의 강한 집착보다 여러 가지를 시도해서
아이에게 '이 정도면 괜찮아' 정도의 집착을 다수 만들어준다.

'패턴 무너뜨리기'의 핵심은 순서와 동작의 패턴을 완전히 익힌 후에 시작해야 한다는 것입니다. 패턴이 확립되기 전에 패턴 무너뜨리기를 시작하면 겨우 익힌 것이 뒤죽박죽되므로 아이가 혼란 상태에 빠집니다.

'패턴 무너뜨리기'도 아주 작은 단계로 나눠서 하나씩 실행해야 하며 무리하는 것은 절대 금물입니다. 아이에게 부담이 되지 않을 정도로 '어라? 뭔가 다르지만 이 정도는 괜찮아!'라고 생각할 수 있는 범위에서 진행합니다.

▌ '집착'의 원인부터 알기

자폐와 집착은 떼려야 뗄 수 없는 관계입니다. 그러므로 집착을 '골칫거리'라고만 생각하지 말고 동행하는 방향으로 지원합니다.

그러나 너무 강한 집착 상태가 되면 이야기가 달라집니다. 강한 집착은 순식간에 자폐 경향과 짝을 이루고, 그 둘이 짝을 이루면 집착과 자폐 경향이 각각 심화하는 결과를 초래합니다.

'○○○가 아니면 절대 안 돼!'라는 강한 집착이 일상생활과 사회생활에서 필수 조건이 되어버리면 사회로 나갈 때 큰 걸림돌이 됩니다. 그렇다고 해서 무작정 개입하면 아이 자신이 혼란스럽고 괴로운 상황에 빠집니다. 또 상태에 따라서는 강한 반발과 감정 폭발을 일으킵니다. 이러면 사회에 나갈 수 없습니다. 아이를 괴롭히는 결과를 낳을 뿐입니다.

이럴 때는 '왜 집착이 강해졌을까?'를 생각하며 '집착은 얕고, 넓게'를 목표로 삼고 지원합니다.

'집착은 얕고, 넓게'라는 의미는

'○○○가 안 된다면, □□□ 정도로 참아볼까?'

'△△△라면 ○○○와 비슷하니까, 뭐 이 정도면 됐어~'

라고 아이가 받아들일 수 있도록 한 가지의 강한 집착보다 '만족할 만한'을 다양하게 만들어주는 것입니다. 여러 가지를 시도해서 아이에게 '이 정도면 괜찮아' 정도의 집착을 다수 만들면 됩니다.

하지만 충분한 준비 없이 가장 강한 집착을 다루려고 무턱대고 달려드는 것은 바람직하지 않습니다. 강한 집착일수록 서포터나 가족에게 난처한 문제인 것은 틀림없습니다. 그렇기에 집착을 다룰 때는 더욱 조심스럽고 신중하며 차분하게 임해야 합니다.

접근 대상인 '집착'을 잘 아는 것이 첫걸음입니다. 집착의 의미, 원인, 종류, 패턴을 파악합니다. 그리고 무엇보다 집착의 강도를 알아야 합니다.

집착이 평소보다 강하다고 느끼면 우선 그 원인을 생각해 봅니다. 집착이 때로는 아이가 보내는 SOS(구조 요청 신호)일 때가 있기 때문입니다.

집착의 원인 생각하기

- 혼란에 빠진 것은 아닐까?
- 불안해하는 것은 아닐까?
- 불안해하거나 혼란에 빠진 원인은 무엇일까?
- 최근 무언가 변화가 있었을까?
- 최근 갑자기 할 수 있게 된 것이 많아진 건 아닐까?

이들 원인을 분석하여 그에 따른 접근을 시작합니다. 그런 뒤 집착이 자폐 경향과 강력하게 결합하는 것을 저지하는 방향으로 아이의 상태를 고려하면서 약한 집착에서부터 접근합니다.

언제나 아이에게 부담이 되지 않는 것을 최우선으로 해주세요.

아이 자신이 "어? 뭔가 다르지만 뭐 이 정도면 됐어~"라고 생각할 수 있는 수준에서 시작합시다.

6

'떼쓰기'에
대처하는 방법

중증 지적장애와 자폐가 있는 아들 키라는 자기 자신이나 타인을 때리거나 물건을 치는 등 흔히 '탠트럼'이나 '멜트다운'이라고 부르는, 일명 '감정 폭발' 행위를 빈번히 일으킵니다.

아이가 불안정한 때 가뜩이나 여유가 없는 저에게 '감정 폭발' 행위는 정신적으로 궁지로 몰아넣는 듯한 압박감을 줬습니다. 그래서 저는 '탠트럼'과 '멜트다운'을 구별하지 않고 여기에서는 말 그대로 아이의 '떼쓰기'를 얘기하려고 합니다. 우선 용어 정리를 위해 '탠트럼'과 '멜트다운'을 나눠보았습니다.

▌ '탠트럼'과 '멜트다운' 구별하기

멜트다운(meltdown, 감각과부하)

제정신을 잃을 정도의 격한 감정에 사로잡혀 벽에 머리를 박거나 유리를 깨부수고 몸에서 피가 흘러도 통증을 느낄 여유조차 없습니다.

아이 자신도 무슨 일이 일어나고 있는지, 자기가 무엇을 하고 있는지 전혀 모릅니다. 멜트다운을 일으키고 있다는 의식도 자각도 없습니다. 어느 정도 진정되고 나서야 비로소 '어? 내가 뭘 하는 거지 ……?' 하고 정신이 드는 것이 보통입니다.

탠트럼(tantrum, 떼쓰기, 짜증)

자기 맘에 들지 않는 것이나 맘대로 안 되는 것, 초조, 불안, 반성하는 기분 등일 때 나타나는 행동입니다.

떼쓰는 아이 자신도 자각이 있고, 자기 뜻을 관철하려고 일부러 보호자나 서포터를 의식하며 떼쓰는 경우도 있습니다.

단, 불쾌하거나 꺼리는 자극에 대해 순간적·반사적으로 발끈하는 때도 있습니다. 그런 경우는 어디까지나 단발적이고 그 순간에 그칩니다. 그건 아이가 의도적으로 일으키는 것은 아닙니다.

떼쓰기일까? 감정 폭발일까?

떼쓰는 아이 자신도 자각이 있고, 자기 뜻을 관철하려고 일부러
보호자나 서포터를 의식하며 떼쓰는 경우도 있다.

⊺ 의식적으로 떼쓸 때

의식하고 떼쓴다면 떼쓰기가 최고조에 달할 때도 보호자나 서포터의 눈치를 살피고 반응을 봅니다. 자기 머리를 때리고 벽에 박는 등 자해·타해 행위를 할 때도 통증을 느낍니다. 아프니까 부딪치는 부분에 손을 가져다 대면서도 이쪽의 반응을 살피거나 자신의 감정에 상대방이 동요하도록 자해·타해 행위를 반복합니다.

다양한 떼쓰기 행동

- 팔꿈치를 쫙 펴서 팔을 일자로 하고 손가락에 힘을 넣은 채로 핑거스냅
- 어금니를 꽉 깨물기
- 자기 머리와 목덜미 때리기(자해 행위)
- 세게 발 구르기, 책상이나 벽 쾅쾅 치기, 지시한 사람을 때리기, 박치기, 꼬집기 등(타해 행위)
- 괴성 지르기 등

그러나 아이의 떼쓰기를 두려워하면 훈육과 놀이, 학습 등 프로그램을 진행할 수 없습니다.

떼쓰기 7가지 원인별 대처법

그래서 떼쓰기에 관해 알아두는 것이 중요합니다.

우선 떼쓰는 이유에 관해 생각해 봅시다. 대부분의 경우 떼쓰기가 시작되기 직전에 있었던 사건이 원인이 됩니다. 때로는 줄곧 참다가 마침내 한계에 이르러 일으키기도 합니다.

떼쓰기의 이유를 7가지로 나누면 아래와 같습니다. 다음은 원인별 떼쓰기에 대처하는 방법입니다.

❶ 예측 불가능한 것에 대한 불안과 혼란
❷ 갑작스러운 일정 변경 등에 대한 불안과 혼란
❸ 자신의 심정과 생각이 전달되지 않을 때
❹ 상대방의 말을 이해하지 못했을 때
❺ 지시사항, 과제 등을 하기 싫을 때, 거부할 때
❻ 불쾌하고 싫은 자극에 대한 거부
❼ 깜짝 놀라 기겁했을 때

❶ 예측 불가능한 것에 대한 불안과 혼란
❷ 갑작스러운 일정 변경 등에 대한 불안과 혼란

하루 계획, 활동의 흐름, 활동 장소, 구성원 등을 아이에게 미리 전해둡니다. 자폐 아이에게 한 번에 많은 것을 제시하면 이해

150

하지 못합니다. 그러므로 대략적인 흐름을 전합니다. 특히 키라의
경우는 머릿속에 패턴으로 확립된 프로그램에 변경이 있을 때는
그때마다 자세히 확인해 주어야 합니다.

아래 표는 전달방법의 예로, 학교에서의 모습을 소개한 것입
니다.

아침에 '오늘 일정' 메모를 확인합니다. 그리고 각 수업이 끝날
때 같은 메모를 사용하여 다음 수업을 확인합니다.

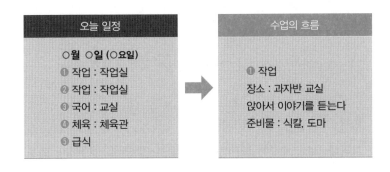

'오늘 일정'과 별도로 '수업의 흐름' 메모를 사용하여 수업의 진
행 순서를 확인합니다. 다른 수업이나 행사를 할 때도 메모를 사
용하여 흐름과 순서 등을 확인하고 예측할 수 있게 합니다.

❸ 자신의 심정과 생각이 전달되지 않을 때

❹ 상대방의 말을 이해하지 못했을 때

아들 키라의 경우 말을 하지 않습니다. 말을 통한 의사소통은

거의 불가능합니다. 하지만 간단한 내용이나 패턴으로 익힌 것은 쉬운 말을 통한 지시나 설명으로 이해할 수 있습니다.

그러나 자신의 기분과 의사를 능숙하게 전달하지 못하기 때문에 원활한 의사소통이 이루어지지 않아 떼쓰는 경우가 있습니다.

아이는 글자와 단어, 간단한 문장은 이해할 수 있습니다. 그래서 의사소통을 하려면

- 메모지에 써서 보여준다
- 해당하는 문장이나 단어를 아이가 직접 고르게 한다

등의 아이디어가 필요합니다.

그러나 키라가 익힌 단어의 수는 많지 않습니다. 아이가 모르는 단어나 처음 접하는 것은 그림이나 사진, 실물 등을 사용하여 전달하면 좋습니다. 따라서 중증 자폐가 있는 아이를 지원할 때는 메모지와 필기구를 꼭 준비합니다.

❺ 지시사항, 과제 등을 하기 싫을 때, 거부할 때

예를 들어 아이가 싫어하는 과제를 받아서 자기 머리를 때린다고 합시다. 머리를 때리는 자해 행위를 할 때 "손 무릎!"이라고 말하고 머리를 때리는 손을 둘 곳을 가리킵니다. 그리고 틈을 주

지 않고 과제를 시작합니다. 이때 떼쓰기와 자폐 경향의 강도를 지켜보며 과제 내용 설정을 그 자리에서 조정합니다.

❻ 싫어하거나 꺼리는 자극에 대한 거부

❼ 깜짝 놀라 기겁했을 때

예를 들어 싫어하는 아이의 목소리를 듣고 벽을 쾅쾅 쳤다고 합시다. 그때는 나지막하고 절제된 목소리로 "그만해!"라고 말을 하거나 그 행동을 못 본 체하며 "차렷"이라고 말한 후에 다음 행동 지시를 내립니다.

아이가 견딜 수 있을 정도로 보일 때는 그대로 그 자리에 있습니다. 그때는 아이가 최선을 다해 참고 있으므로 가능한 한 다른 자극을 주지 않도록 주의합니다.

과제나 장소를 바꿀 수 있는 상황이라면 쉬운 과제나 아이가 좋아하는 과제로 변경하고 좋아하는 장소로 이동합니다.

짜증이 가라앉더라도 언제든지 다시 시작될 것으로 보일 때는 그곳에서 유발되는 원인으로 인해 다시 인내의 한계를 넘을 수 있으므로 곧바로 원인으로부터 멀리 떼어놔 주세요.

▮ 떼쓰기가 요구 수단이 되었을 때

가장 주의할 점은 떼쓰기를 자기 뜻을 관철하는 수단으로 정착시키지 않도록 하는 것입니다. 떼쓴다고 해서 즉시 아이의 생각

떼쓰기의 악순환

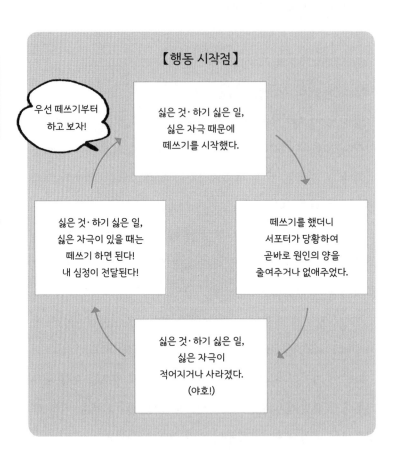

떼쓰기할 때 즉시 아이가 원하는 대응을 한다면 '요구사항이 있을 때는
떼쓰기 하면 된다'라는 바람직하지 않은 도식이 성립된다.

을 반영하는 대응을 한다면

떼쓰기 ➞ 요구가 통한다 ➞ 야호! ➞
맘에 들지 않는 것, 요구사항이 있을 때 떼쓰기 한다

라는 바람직하지 않은 도식이 성립되기 때문입니다.

그러면 아이에게 떼쓰기는 자기 뜻을 관철하는 데 요긴한 수단이 되고, 더 자주 떼쓰기를 할 것입니다. 부디 그렇게 되지 않도록 떼쓰기 한 후의 프로그램을 재검토하여 과제량 조절, 타이밍에 주의해 주세요. 만약 떼쓰기가 이미 아이의 뜻을 관철하는 수단이 되었다면 아이를 자극하지 않는 프로그램으로 설정합니다.

그래도 떼쓰기를 계속할 경우에는 무시·무반응으로 대처하고, 그대로 프로그램을 진행합니다. 그리고 '아무리 떼써도 소용없어'라는 분위기를 풍기면서 아이가 눈치채지 못하게 프로그램을 변경합니다. 또, 아이가 떼쓰기를 하면서 부모나 서포터가 보이는 반응을 즐기는 경우 혹은 반응해주길 원해서 떼쓰기를 할 경우도 무시·무반응으로 대처합니다.

서포터의 말이나 접근에 과잉반응을 보일 경우는 마치 처음부터 계획되었던 것처럼 한동안 아이에게서 멀리 떨어집니다.

계속해서 개선이 되지 않는다면 서포터를 교체하는 방법도 고려해야 합니다.

7

'감정 폭발'에
대처하는 방법

적절한 자기표현 방법을 알지 못하는 자폐 등 발달장애 아이
경우 격한 감정에 사로잡혀서 자기조절이 어렵게 되면 탠트럼 혹
은 멜트다운을 일으킵니다. 아들 키라는 상대에게 덤벼들거나 박
치기하고, 자신의 머리나 목덜미를 강하게 때리고 벽을 들이받는
행동을 주로 보이며, 그 중간중간에 뛰어다니고 소리를 지르는
행위 등이 섞여서 나타납니다.

여기에서는 감정 폭발에 대처하고 지원하는 방법을 소개합니다.

▌ 감정 폭발을 일으켰을 때 대처하는 법

- 먼저 감정 폭발을 일으킨 원인을 파악합니다.

- 그리고 감정 폭발의 원인을 제거합니다. 제거할 수 없을 때는 덮개 등으로 감춥니다. 아이를 데리고 이동하여 원인으로부터 떼어놓습니다.

- 아이와 서포터, 주위 사람의 안전을 확보합니다. 부딪치면 다칠 수 있는 물건, 망가지는 물건 등 위험한 물건을 치웁니다.

- 아이는 조금 다쳐도 괜찮습니다. 진정할 때까지 조금 떨어진 곳에서 지켜봐 주세요.

- 여러 사람이 둘러싸거나 몸을 누르거나 불필요하게 말을 거는 행위는 바람직하지 않습니다.

- 단, 아이와 주위 사람의 안전·생명에 위협이 될 때는 되도록 적은 수의 인원이 대응하여 몸을 꽉 눌러야 하는 경우도 있습니다.

- 몸에서 힘이 빠지고 이를 악물거나 눈을 부릅뜨는 힘이 한순간 멈추고 표정이 온화해지면 그때 개입합니다.

- 감정적으로 되지 않도록 차분하고 절제된 태도로 대응합니다.

- 낮은 목소리로 말꼬리를 살짝 내리도록 신경 쓰며 위압적이지 않은 어조로 다음에 할 행동을 지시합니다.

- 정면에서 마주 본 상태로 지시합니다. 단, 머리로 들이받을 우려가 있을 경우는 정면을 피하고 거리를 둡니다.

감정 폭발에 대처하기

먼저 아이와 서포터, 주위 사람의 안전 확보를 위해 다칠 수 있는 물건 등
위험한 물건은 치운다. 진정할 때까지 조금 떨어진 곳에서 지켜봐준다.

- 감정 폭발이 가라앉은 후의 프로그램은 아이의 속도에 맞춥니다. 쉬운 과제로 설정합니다.

감정 폭발이 가라앉은 후 지원 방법

아이는 감정 폭발이 가라앉고 제정신이 들면 감정 폭발을 일으킨 것을 굉장히 반성합니다. 심한 타해 행위를 했을 때는 특히 더욱 반성하는 태도를 보입니다. 키라의 경우 집요하리만큼 특유의 미안해하는 동작으로 사과합니다.

그러나 그것은 곧 집착으로 변모합니다.

그럴 때는 우선 "알았어", "괜찮아"라고 확실하게 수용을 표시합니다. 그 후에는 "이제 끝났어"라고 매듭짓고, 다음 행동을 하도록 독려해 주세요. 하지만 아이 자신도 원하는 대로 기분 전환이 잘되지 않습니다. 이때 상황과 장소를 바꾸면 기분을 전환하고 마음을 진정시키는 효과가 있습니다. 가능하다면 상황과 장소를 바꾸어 주세요.

또 감정 폭발이 일시적으로 진정되더라도 생각지도 못한 자극으로 인해 재발할 우려가 있습니다. 부주의하게 다가가거나 자극하지 않도록 주의해 주세요.

'자폐 경향'에
대처하는 방법

평소와 똑같이 대했는데도 지시가 전혀 통하지 않거나 갑작스럽게 짜증이나 떼쓰기를 시작합니다. 어제와 똑같은 과제인데 전혀 해내지 못합니다.

이런 경험은 없습니까? 이것은 그 자폐아(자폐인)의 자폐 경향이 매일 시시각각 변하기 때문입니다.

제가 생각하는 자폐 경향은 '이래야 한다, 그것 외에는 절대 용납할 수 없다!'라는 집착과 고집 등 '자기만의 룰'이 모든 면에서 강해지는 것입니다.

⏳ '자폐 경향'이 나타났을 때

약한 '자폐 경향'이 보이는 반응

- 주위를 유심히 살피며 주위의 규칙에 맞출 수 있습니다.
- 지시가 잘 통하고 집중력도 있으며 과제와 작업을 곧잘 해냅니다.
- 조금 어려운 과제를 주어도 짜증이나 떼쓰지 않고 임합니다.
- 과제, 작업에 임하는 태도가 주의 깊고 성실합니다.
- '어깨를 톡톡' 치는 신호로 서포터를 부르는 등, 아이 스스로 차분하게 의사를 표시하는 경우도 많습니다.

짜증이나 떼쓰기도 적고 온화하며 해야 할 일을 틀림없이 해냄으로써 생활 전반에서 "나 정말 멋진데!"라는 자신감이 나타나며 하루를 느긋하게 보냅니다. 이럴 때는 가족도 마음의 여유가 있습니다.

강한 '자폐 경향'이 보이는 반응

- 시선을 아래쪽으로만 향하고 자기의 흥미와 관심이 있는 것만 봅니다.
- 무슨 일에든 '자기만의 룰'을 적용하고 주위 사람들의 방식이나 속도에 맞추지 못합니다.
- 집착이나 과민 반응이 강해집니다.

'자폐 경향'이 강할 때

자폐 경향이 강할 때 무심코 "안 돼", "~ 하지 마" 등의 부정 표현 대신, 다음에 취해야 할 행동을 "~해", "~하자"라고 구체적으로 지시한다.

- 지시가 잘 통하지 않고 집중력이 약해집니다. 사고 능력도 떨어집니다.
- 과제나 작업에 임하는 자세가 해이해집니다.
- 자해·타해 등 탠트럼이 빈발합니다.
- 헉헉대며 초조해하고 안절부절못하는 것처럼 보입니다.

헉헉, 허둥지둥, 안절부절못하는 아이의 상태를 보면 서포터가 보기에도 아이가 뭔가 힘들어 한다는 걸 느껴질 것입니다. 솔직히 이럴 때는 함께 있는 가족도 아이를 상대하는 것이 벅찹니다.

▮ '자폐 경향' 강할 때 지시하는 법

자폐 경향이 강할 때는 '자기만의 룰'이 강해지고 주위 사람들에게 맞추는 것이 무리인 상태입니다. 이럴 때 무리해서 주위 사람에게 맞추도록 유도하면 짜증이나 떼쓰기가 빈발하고 눈 깜짝할 새에 멜트다운 상태에 빠지고 맙니다.

그러므로 아이의 자폐 경향의 강도에 맞춰서, 아이의 룰·속도와 서포터의 룰·속도의 비율을 조절합니다. 그리고 조금씩 서포터의 룰·속도의 비율을 늘려갑니다.

'자폐 경향' 강할 때 유의 사항

- 지시 내용은 간단명료하게, 적은 횟수로

• 정면으로 가서 아이의 눈을 보며 낮은 목소리로 감정 없이

단, 시선이 마주쳤을 때 아이의 감정이 격해지거나 자폐 경향이 강해진다면 시선을 피한 채 더욱 무표정한 표정과 침착한 태도로 지시해 주세요.

자폐 경향이 강할 때일수록 문제행동이 격렬해집니다. 그러면 무심코 "안 돼", "~하지 마" 등의 부정 표현을 다수 사용하게 되는데 그럴 때일수록 부정 표현을 사용하는 대신, 다음에 취해야 할 행동을 구체적으로 지시합니다. 예를 들어 "~하지 마"가 아니라 "~해", "~하자"라고 말하는 것입니다. 그만두게 하고자 하는 행동으로부터 다른 행동으로 바꾸도록 지시합니다.

과제를 할 때 강한 자폐 경향이 나타나면 과제와 작업 내용을 평소보다 쉬운 것으로 바꿉니다. 평소보다 아이의 집중력과 지속력이 떨어지고 작업도 조잡해지기 때문입니다. 머리를 사용하는 과제나 작업보다는 눈과 손을 함께 사용하는 과제가 마음의 진정에 도움이 됩니다. 그리고 조용하고 차분한 환경을 만듭니다.

▌ 자폐 경향이 강할 때 서포터가 설 위치

또한 자폐 경향이 강할 때 아이가 갑자기 밖으로 뛰쳐나가거나 달리기 시작하는 경우도 있습니다. 따라서 서포터는 아이의 정면

에서 비스듬히 앞쪽에 있는 것이 좋습니다. 아이가 서포터의 존재를 쉽게 의식할 수 있고 뛰쳐나가려고 할 때 제지하기 쉽기 때문입니다. 아이의 눈에 띄지 않으면서도 아이에게 주고 싶은 자극이 있을 때 이 위치에서 방지하거나 지시하기도 수월합니다.

서포터가 불가피하게 다른 사람과 이야기해야 할 경우 아이에게 등을 돌리고 이야기하면 아이는 제멋대로 모드, 뛰쳐나가기 모드에 빠지기 쉽습니다. 이럴 때는 기본적으로 아이의 정면에서 비스듬히 뒤쪽에 섭니다. 다른 사람과 이야기하면서 아이의 상태를 볼 수 있기 때문입니다. 아이도 서포터의 존재를 의식할 수 있습니다.

9

'자폐 경향 신호'를
미리 알아두기

 자폐 아이를 지원하는 데 있어 자폐 경향을 알아두는 것은 대단히 중요합니다.

 하지만, 어떻게 하면 자폐 경향을 알 수 있을까요?

 바로 아이가 보내는 '자폐 신호'를 통해 알 수 있습니다.

 자폐 신호를 알면 그때그때 아이의 상태를 파악하여 지원할 수 있습니다.

 그리고 자폐 신호가 보이기 시작했을 때 바로 개입함으로써 자폐 경향이 심화되는 것을 방지할 수도 있습니다.

다음은 바로 알 수 있는 '자폐 신호' 11가지를 소개합니다.

❶ 상동행동이 빈발하고 강해진다.

❷ 걸을 때 무릎을 굽히지 않고 다리를 뻗대고 걷는다.

❸ 걷는 속도가 점점 가속도가 붙듯이 빨라진다.

❹ 등이 둥글게 굽고 시선이 아래쪽을 향한다.

❺ 동작이 흐트러지고 거칠어진다.

❻ 쉬지 않고 히죽히죽 웃는다. 상대의 얼굴을 보며 웃는다.

❼ 신음 같은 소리나 "쉬~쉬~", "으~응, 으~응" 소리가 증가한다.

❽ 편식이나 손가락으로 탁자 모서리를 따라가며 만지는 집착이 강해진다.

❾ 목덜미를 만지거나 손가락 끝을 맞대고 비비는 동작이 많아진다.

❿ 볼이 경직되어 표정이 굳거나 험상궂어진다.

⓫ 감각 과민이 강해진다. 특히 목 주위, 턱 주위, 몸 측면의 감각 과민이 두드러진다.

☰ '자폐 신호' 11가지에 대처하는 방법

다음은 앞에서 이야기한 '자폐 신호' 11가지가 보일 경우 각 신호에 따라 자폐 경향의 심화를 방지하기 위해 개입하는 방법을 소개합니다.

❶ 상동행동이 빈발하고 강해진다

- 그 상황에서의 상동행동의 의미를 생각하며 대응합니다.
- 상동행동은 멈추도록 하는 것이 원칙입니다. 또는 상동행동의 이행을 시도합니다. 즉, 상동행동의 횟수·상태를 줄이는 방향으로 진행합니다.

❷ 걸을 때 무릎을 굽히지 않고 다리를 뻗대고 걷는다

❸ 걷는 속도가 점점 가속도가 붙듯이 빨라진다

- 천천히 서포터의 속도에 맞추도록 지시합니다.
- 서포터의 위치는 아이와 나란히 서되 조금 앞쪽입니다(뒤쪽은 바람직하지 않습니다).
- 걷는 속도는 느린 걸음을 기본으로 합니다. 단, 아이가 펄쩍펄쩍 뛸 때나 서포터의 발걸음에 맞추지 못하고 앞질러 걸을 때는 숨이 차지 않을 정도의 빠른 걸음으로 걷습니다. 아이가 마음대로 앞서나가지 못하게 합니다.
- 이때 무거운 짐을 들게 하는 것도 효과적인 방법입니다.

❹ 등이 둥글게 굽고 시선이 아래쪽을 향한다

* 앉아있을 때는 우선 둥글게 굽은 등에 손을 대고 가볍게 눌러서 등을 똑바로 펴게 합니다.
* 시선이 아래로 향해 있을 때는 아래쪽을 향한 시선 끝에 서포터의 검지를 세웁니다. 아이가 시선의 초점을 서포터의 손가락으로 옮기면 검지를 위쪽 전방으로 이동하며 시선을 유도합니다.
* 시선을 아래쪽으로 두고 걸을 때도 같은 방법으로 지원합니다.
* 시선이 아래쪽으로 향할 때는 시야가 좁아집니다.
* 자폐 경향이 강할 때는 개입 횟수를 되도록 적게 합니다.
* '포인팅 대화'를 할 때는 선택 항목은 되도록 적게, 항목 하나하나를 손가락으로 가리키면서 소리 내어 읽습니다. 이때 제대로 보고 있는지 확인이 필요합니다.
* 그림카드 등을 제시할 때도 아이의 눈앞까지 가져가 주세요.

❺ 동작이 흐트러지고 거칠어진다

* 행동하기 전에 "천천히", "가만히"라고 말해주는 게 필요합니다.
* 상황에 따라서는 아이 등 뒤에서 '아이와의 2인 합체 동작'을 통해 속도를 조절합니다.

- 상동행동을 할 때와 마찬가지로 행동의 완급 조절, 동작과 동작 사이의 틈(=정지)을 의식하여 넣어주세요.
- 천천히, 신중하게 재실행하는 것도 중요합니다.
- 재실행할 때는 꼭 해야 하는 것을 알기 쉽고 간단하게 해주세요.
- 단, 자폐 경향이 과도하게 강할 때는 재실행에 대해 강하게 반발하며 탠트럼을 일으킬 가능성도 있습니다.
- 아이의 상태를 지켜보며 진행해 주세요.

❻ 쉬지 않고 히죽히죽 웃는다. 자꾸 상대의 얼굴을 보며 웃는다

- 낮은 톤의 목소리, 조금 엄격한 표정으로 "웃지 않는다" 하고 주의를 시킵니다. 또는 웃음을 못 본 체합니다.
- 무슨 일에든 무심하게 대응합니다.
- 절대 웃음으로 받아주지 마세요.

❼ 신음 같은 소리나 "쉬~쉬~", "으~응, 으~응" 소리가 증가한다

- 소리를 내는 것 자체가 상동행동이 되는 경우가 있습니다.
- 검지를 입에 대고 "조용히", "쉿" 하고 지시합니다. 지시 횟수는 아이의 상태와 당면한 상황에 따라 달리합니다.
- 다소 집중력이 필요하거나 눈과 손을 동시에 사용하는 과제

를 하면 진정될 때가 있습니다.

❽ 편식이나 손가락으로 탁자 모서리를 따라가며 만지는 집착이 강해진다

- 먹는 것에 대한 고집이 강한 집착으로 나타납니다.
- 식사 트레이닝 프로그램을 한 단계 혹은 두 단계 전으로 돌아가 주세요.
- 손끝으로 모서리를 만지려고 하기 전에 막는 것이 최선입니다.
- 만지고 싶어할 법한 모서리에서 거리를 두게 하거나 모서리를 가립니다.

❾ 목덜미를 만지거나 손가락 끝을 맞대고 비비는 동작이 많아진다

- 손을 정해진 위치에 두도록 "차렷"이라고 말하며 지시합니다.

❿ 볼이 경직되어 표정이 굳거나 험상궂어진다

- 수많은 자폐 신호 중에서도 자폐 경향이 강해지면 가장 먼저 나타나는 신호입니다. 놓치기 쉬운 신호이지만 대단히 중요합니다. 자폐 신호에 대처하거나 아이를 지원할 때 꼭 참고해 주세요.

⑪ 감각 과민반응이 강해진다. 특히 목 주위, 턱 주위, 몸 측면
의 과민반응이 두드러진다

• 가능한 한 신체 접촉을 삼갑니다.

• 신체 접촉 시에는 미리 설명한 후 아이의 상태를 지켜보며
접촉 범위와 강도를 조절합니다.

10

'웃음'의 의미 알고 대처하는 방법

아들 키라는 잘 웃는 아이입니다. 그러나 그 웃음에 속아서 별 생각 없이 지원하다 보면 감정 폭발을 유발할 우려가 있습니다. 중증 자폐 아이의 경우 '웃음'에는 여러 의미가 담겨 있기 때문입 니다. 다음은 '웃음'에 담긴 의미를 5가지로 추려보았습니다.

❶ 진짜 웃음
❷ 자폐 경향 웃음
❸ 혐오·불안을 느낄 때의 웃음
❹ 지시 등을 이해하지 못 하거나 어려워할 때의 웃음
❺ 감각 추구, 상동행동으로서의 웃음

⅋ '웃음'에 담긴 5가지 의미와 행동

❶ 진짜 웃음

- 얼굴 전체의 긴장이 풀린 부드러운 표정의 웃음. 눈이 약간 처지는 경향이 있습니다.
- 현재 하는 것이나 보고 있는 것이 즐겁고 기쁠 때 보이는 웃음입니다.
- 조금 전 일을 떠올리며 웃을 때 나타나는 웃음입니다.
- 좋아하는 사람을 만났을 때, 또는 이제부터 좋아하는 일을 할 수 있을 때 나타납니다.
- 친밀감에서 비롯한 놀림의 의미가 담긴 웃음일 때도 있으니 주의합니다.

❷ 자폐 경향 웃음

- 상동행동을 멈추지 않고 상동행동을 하면서 웃습니다. 동작도 크고 격렬해지기 쉽습니다.
- 주위에 웃을 만한 일이 없는데도 줄곧 히죽히죽 웃습니다. 또는 느닷없이 웃음을 터뜨립니다.
- 갑자기 큰 소리로 웃거나 "핫, 핫핫~" 하고 복근을 사용하여 한 음절 한 음절 또박또박 끊는 발성의 웃음입니다.
- 눈의 초점이 흐리거나 눈과 입만 벌린 채 가시 돋친 표정을 짓고 있습니다. 극도의 흥분 상태일 때가 많습니다.

- 갑자기 상대에게 얼굴을 가까이 대며 웃기 시작합니다. 이때도 눈을 부릅뜨고 부자연스럽게 입꼬리가 옆으로 당겨진 표정입니다. 이때 시선을 맞추면 더욱 흥분이 격해지며 자폐 경향이 심화합니다.

❸ 혐오·불안을 느낄 때의 웃음
- 불쾌하거나 불안할 때의 웃음은 표정과 감정이 일치하지 않습니다.
- 표정은 자폐 경향의 웃음과 대단히 유사합니다.
- 인내의 한계에 가까울수록 웃습니다. 아이가 구조 신호(SOS)로 보내는 웃음을 알아차리지 못하면 강한 타해 행위 등 감정 폭발로 이어질 수 있습니다.
- 최근에는 아들 키라에게 웃으면서도 손을 옆으로 흔들거나 불쾌한 것을 물리치는 동작이 나타났습니다. 그것은 웃고 있지만 "불쾌합니다", "싫습니다"라는 구조 신호입니다.

❹ 지시 등을 이해하지 못하거나 어려워할 때의 웃음
- 무엇을 해야 할지 모르거나 지시의 의미를 이해하지 못할 때 나타납니다.
- 소리를 내지 않고 부자연스럽게 입꼬리만 옆으로 당겨진 표정입니다.

갑자기 웃을 때 대처하기

느닷없이 웃는 것은 자폐 경향의 웃음일 수 있다. 이때는 기본적으로
'웃음'을 멈추도록 한다. 멈추지 않을 때는 웃음 자체를 무시한다.

- 강한 불안까지는 아니지만 '어떡하지, 웃을 수밖에 없다'라는 심리입니다.
- 혼란을 느끼기 시작한 아이가 보내는 구조 신호입니다. 이 신호를 시기적절하게 알아차리면 대처하거나 지원하는 것이 편해집니다.

❺ 감각 추구, 상동행동으로서의 웃음
- 소리를 내는 것이 감각 놀이가 되어 상동행동이 되어버린 경우입니다.
- 자폐 경향의 웃음이 상동행동이 되는 경우가 많습니다.
- "핫, 핫핫~" 하고 한 음절 한 음절 또박또박 끊는 발성의 웃음입니다.

⏳ '웃음' 5가지 의미에 대처하는 방법

❶ 진짜 웃음
- 함께 아이의 웃음을 공유해보면 어떨까요? 단, 자극이 지나쳐 흥분 상태가 심해지지 않도록 주의해 주세요.

❷ 자폐 경향 웃음
- 이 웃음은 주의가 필요합니다. 기본적으로 '웃음'을 멈추도록 합니다.

- 단, 개입으로 더욱 흥분이 심해질 때는 굳이 시선을 맞추려 하지 말고 무심하게 대응합니다.
- 웃음이 멈추지 않을 때는 웃음 자체를 무시합니다.

❸ 혐오·불안을 느낄 때의 웃음
- 혐오와 불안이 최대치에 달한 상태입니다. 중증 자폐가 있는 아이가 보내는 구조 신호입니다.
- 가능한 한 신속하게 혐오와 불안의 원인으로부터 떨어트립니다.

❹ 지시 등을 이해하지 못하거나 어려워할 때의 웃음
- 아이가 어려워하는 것, 이해하지 못하는 것이 무엇인지를 찾습니다.
- 원인을 파악하고 나서 그것에 대해 대처합니다.

❺ 감각 추구, 상동행동으로서의 웃음
- 자폐 경향의 웃음과 같습니다. 기본적으로 멈추도록 합니다.
- 단지 멈추게 하는 것이 아닌 다음에 할 행동을 명확하게 알려줍니다.

11

'의사소통'을
지원하는 방법

　아들 키라는 "화장실", "주세요" 이외에는 말을 하지 못합니다. 아이와 의사소통을 하기 위해서는 우선 아이가 아는 단어, 글자, 사진, 그림, 구체적 물건을 효과적으로 활용해야 합니다.

　예를 들어 걸어서 공원에 가는 경우에는 "공원에 갈거야", "걸어서 갈거야"라고 짧은 문장으로 나눠서 사용합니다. 글자를 사용할 때는 '공원', '가다', '걷다' 등 일상적으로 자주 사용하고 아이가 아는 단어를 씁니다. 또 아이가 처음 가보는 곳이나 처음 보는 물건일 때는 그것을 나타내는 사진이나 그림카드, 혹은 컵이나 옷처럼 그것과 관련된 구체적 물건을 활용해 주세요.

　다음은 몇 가지 기본적인 의사소통 방법을 소개하겠습니다.

▌아이의 의향을 확인하는 방법

키라의 경우 의향을 확인할 때는 메모지에 답이 될 만한 선택 항목을 몇 가지 적어서 보여주고 아이에게 그중에서 해당하는 항목을 손가락으로 가리켜 답하도록 합니다.

저는 이것을 '포인팅 대화'라고 부릅니다.

'먹고 싶은 것' 물어볼 때

뭐 먹을까? [라면] [카레] [소고기덮밥] [그 외] [필요 없다]

여기서 주의할 점은 아이가 '위치 패턴'에 따라 대답한 것은 아닌지 의심해야 한다는 것입니다. 예를 들어 사실은 '소고기덮밥'을 고르고 싶었는데 맨 앞이라는 위치에 집착하여 '라면'을 골랐을 수도 있습니다. 이럴 때는 선택 항목을 두 개로 하고 그중 하나는 싫어하는 음식으로 합니다. 그리고 싫어하는 것을 아이가 집착하는 위치에 둡니다. 아이가 제대로 보도록 메모지를 아이 눈앞에 제시합니다. 아이가 답을 손가락으로 가리킬 때 제대로 보고 있는지도 확인합니다.

그렇게 했는데도 싫어해서 먹지 않는 음식을 골랐다면 아이는 '위치 패턴'에 완전히 빠져 있는 상태입니다. 그때는 '포인팅 대화'를 그만두고 사진이나 구체적인 물건을 사용하여 아이의 의향을 묻습니다.

180

구체적 물건으로 소통하기

문자와 사진보다 구체적인 물건을 사용하면 훨씬 소통이 수월합니다. 집에서도 목이 마를 때는 컵을 가져오고 목욕하고 싶을 때는 잠옷을 가지고 오는 등 그때마다 사용하는 도구를 가져와서 요청합니다. 지금은 연습을 하기 위해 메모와 사진을 사용하고 있지만 메모와 사진으로 소통이 되지 않을 때는 구체적 물건을 사용합니다.

▌아이가 자신의 의향을 표현할 때

키라의 경우 무언가를 요청할 때는 한숨 쉬는 듯한 소리로 "주세요"라고 말하며 양쪽 손바닥을 포개어 자신의 배 앞쪽으로 내밉니다. "무슨 일인가요?" 하고 대답하면 아이가 자신이 요청하는 것(일)에 관련된 장소로 서포터를 데리고 가거나 원하는 물건을 스스로 가져옵니다.

거부할 때

"싫다", "필요 없다"라는 의사 표현으로 손을 옆으로 흔듭니다. 또 불쾌하거나 싫은 물건을 서포터 쪽으로 밀어내거나 건네줍니다. 자폐 경향이 강할 때나 혼란에 빠졌을 때는 짜증이나 떼쓰기로 표현합니다.

물건으로 의사소통할 때

문자와 사진보다 구체적인 물건을 사용하면 훨씬 소통이 수월하다.
목이 마를 때는 컵을 가져오는 등 그때 사용하는 도구를 가져와서 요청한다.

상대방을 부를 때

키라의 경우 다른 사람에게 부탁할 일이 있거나 말을 하고자 할 때는 상대방의 어깨를 '톡톡' 두드리고 요청하도록 가르쳤습니다. 이것은 아이한테는 "저, 죄송한데요"라는 의미의 행동이며 대단히 중요한 스킬입니다. 만약 아이가 잊었다면 "어깨 톡톡은?" 하고 몸짓을 보여주며 상기시켜 줍니다.

사과할 때

키라의 경우 "죄송합니다"라는 사과의 표현은 손바닥을 위로 향하고 상대의 입가로 내미는 것입니다. 그러나 이 동작으로는 의미가 정확히 전달되지 않으므로 현재 '상대의 눈을 보고 고개를 숙이는' 연습을 하고 있습니다.

자폐 경향이 강할 때 강한 감정 폭발 후에는 아이에게 심적 여유가 없으므로 여태까지의 방식대로 양손을 사용한 "죄송합니다"라는 사과의 표시를 허용하고 있습니다.

지금은 "주세요", "화장실", "네"를 한숨 소리처럼 말할 수 있게 되었습니다. 그러나 말하는 것을 의식하고 있지 않으면 굳이 말하려고 하지 않습니다. 그러므로 아이가 잊었다면 "주세요는?", "화장실은?"이라고 천천히 발음해서 아이에게 소리 내어 말해보도록 상기시켜 줍니다.

12

'긴장증'에
대처하는 방법

▌ 긴장증은 무엇인가

긴장증(catatonia)은 '동작 도중 갑자기 움직임이 멈추거나 역으로 용수철이 튀는 것처럼 갑자기 움직이기도 하고 손가락을 비비 꼬거나 걸으려 해도 앞으로 나아가지 못하고 왔다 갔다 하는 등 운동의 자발성이 사라지는 유형의 행동장애'입니다.

최근 사춘기 이후의 자폐 경향으로 인정되는 증상으로서 주목받게 되었습니다.

현재로서는 어떻게 대응해야 할지 정설은 확립되지 않았습니다.

⌧ 갑자기 멈춰버린 '정지 상태'

쉽게 풀어 설명하면 '머릿속에서 GO 버튼과 STOP 버튼이 동시에 눌려져 정지된 상태'라고 할 수 있습니다.

아들 키라의 경우는

- 갑자기 동작이 멈추고 표정도 사라지며 지금까지 혼자서 할 수 있었던 행동도 할 수 없게 됩니다. 예를 들어 신발을 갈아신으려고 신발장 앞까지 이동한 경우를 보겠습니다. 평소라면 혼자서 신발을 꺼내서 갈아신을 수 있는데 갑자기 동작을 멈추고 신발장의 신발을 만지지도 못하고 통나무처럼 우뚝 선 채 꼼짝도 하지 않습니다.
- 몸은 움직이지 않지만 눈은 보이고 귀는 들립니다.
- 몇 분 만에 끝날 때도 있지만 몇 시간, 며칠간 지속되는 때도 있습니다. 키라의 경우는 몇 분이었습니다.

⌧ 긴장증과 자폐 경향의 상관관계

키라의 경우 특별지원학교 고등부 1, 2학년 때 '혹시 긴장증인가?' 하고 생각되는 증상이 2번 있었습니다. 첫 번째는 옷을 갈아입는 도중, 두 번째는 탈의실을 향해 이동하던 중이었습니다. 그 후에는 발생하지 않았습니다. 키라의 경우 긴장증과 자폐 경향이 강하게 연계되어 있는 것으로 생각됩니다.

긴장증 발생 당시의 상황

장소는 학교였습니다. 옷을 갈아입을 때는 항상 다른 학생들과 함께 걸어서 탈의실로 이동합니다. 옆에서 말로 조금 거들어주는 지원 방법으로 옷 갈아입기도 정리정돈도 문제없이 해냅니다. 그날은 탈의실로 이동하는 도중에 다같이 화장실에 들렀습니다. 용변을 마치고 화장실 밖으로 나오는 순간, 아이의 동작이 갑자기 멈췄습니다. 양팔을 축 늘어뜨린 채 교사가 말을 걸어도 움직이지 않았습니다. 표정과 시선에 조금도 변화가 없었고 눈빛은 멍했습니다.

교사는 아이의 손을 잡고 탈의실 사물함으로 유도했습니다. "키라야, 너 사물함이야. 열어 봐"라는 교사의 말에도 반응이 없었습니다. 양팔을 힘없이 늘어뜨린 채 그대로 서 있었습니다. 교사가 사물함을 조금 열고 그다음 행동을 아이에게 촉구해도 무반응이었습니다. 그래서 힘이 빠진 상태인 아이의 손을 잡고 함께 사물함을 열었습니다. 이런 식으로 옷 갈아입고 정리하는 것을 도와줬습니다. 그리고 교사가 아이에게서 손을 떼어도 여전히 양팔을 축 늘어뜨린 채로 가만히 서 있는 상태였습니다.

정리정돈까지 끝나고 "교실로 돌아가자"라고 말을 건네며 아이의 등을 가볍게 밀며 걷기 시작하자마자 갑자기 성큼성큼 혼자서 걷기 시작하더니 그대로 교실로 돌아갔습니다.

아이의 행동이 멈춘 것은 탈의실 앞 화장실이었고 다시 몸을 움직인 것은 옷 갈아입기를 마친 탈의실이었습니다. 그래도 혼란에 빠지지 않고 혼자서 교실로 돌아갔습니다. 그 사이의 의식은 명료한 상태였을지도 모릅니다.

긴장증 발생 전과 후의 상태

발생 전에는 강한 자폐 경향이 이어졌었고, 특히 집착이 심화하여 주위 소리나 목소리, 사소한 변화에 비정상적으로 과민하게 반응했던 상황이었습니다.

그 후에는 갑자기 바닥이나 타인을 때리고 발을 강하게 구르는 등 충동적인 타해 행위, 느닷없이 강렬하게 감정 폭발을 표출하는 일이 많아졌습니다. 자폐 경향도 강해지고 자기 방식에 대한 고집이 심화하여 타인에게 맞추는 능력이 급격히 낮아지고 다양한 것에 있어 인내의 범위가 부쩍 좁아졌습니다.

이럴 때는 우선 제삼자와의 트러블을 피하는 것이 급선무입니다. 아이에게 알맞은 환경과 속도, 서포터가 앉는 위치와 서는 위치 등을 달리하여 자발적 행동으로 유도해 주시길 부탁드립니다. 사전 설명과 제시할 때도 확실히 해주세요.

▎ 긴장증에 대처하기

"어? 혹시 긴장증인가?"라는 생각이 들 때도 너무 걱정하지 마세요. 대처하는 방법은 아래 기본과 같습니다. '아이의 눈높이'로 '한 걸음씩'입니다.

- 움직임이 굳으면 다음 행동이나 이동 장소를 손가락으로 가리키거나 그림카드를 사용하여 전달합니다.
- 아이 등 뒤에서 2인 합체 동작으로 양팔을 조종하듯이 아이의 몸을 움직여줌으로써 몸을 움직이는 법을 떠올리도록 합니다. 아이가 스스로 움직일 수 있게 되면 움직임 정도에 맞추어 지원하는 횟수나 양을 줄입니다.
- 걸을 때는 등을 가볍게 밀어주어 평소 보행 속도를 회복하도록 합니다.

안타깝게도 아직까지 긴장증 대응 방법에 해답은 찾지 못했습니다. 무엇을 계기로 증세가 시작되고 원래대로 돌아오는지도 밝혀지지 않았습니다. 단, 아이의 신체를 움직임으로써 리셋할 수 있기를 바랍니다. 스스로 움직일 수 없더라도 스스로 움직일 수 있도록 유도하며 조력해 주세요.

13

신뢰 관계 확립을 위한
지원 방법

아들 키라의 경우 어떻게 지원하는지에 따라 180도 다른 모습을 보입니다. 지원하는 방법에 따라 끊임없이 문제행동을 일으키는 '말썽꾸러기'가 되기도 하고, 아무 일 없이 평온한 시간을 보낼 때도 있습니다.

그 차이는 무엇일까요?

그것은 아이와 서포터와의 신뢰 관계에 달려있습니다.

만약 아이 마음의 소리를 대변하는 자막이 있다면 다음과 같이 나타날 것입니다.

'이 사람은 나를 이해해 주려고 하는 내 편이다.'

'이 사람이 말하는 거라면 조금 불쾌한 것이라도 참아보자.'

'잘 모르거나 불안할 때는 이 사람이 도와줄 거야.'

'이 사람의 지시는 믿을 수 있어.'

▌ 바람직한 신뢰 관계를 위한 TIP

신뢰 관계가 되기 위해 아이가 좋아하는 것, 기뻐하는 것만을 하는 것이 능사는 아닙니다. 필요 이상으로 앞서가거나 도움을 주는 것도 삼가야 합니다. 효과적인 대응과 지원 방법이 실패하면 건전한 신뢰 관계가 성립되기 전에 '아이 우위의 상하 관계'에 빠져버릴 수도 있습니다.

그렇게 되면 '절대 불가'라고 말해도 좋을 만큼 서포터의 지시가 전혀 통하지 않습니다. 문제행동이 빈발하며 '말썽꾸러기'가 되고 맙니다.

서포터가 아이를 지원하는 데 있어서 가장 중요한 것은 신뢰 관계입니다.

다음은 아이와 바람직한 신뢰 관계를 신속하게 확립하기 위한 지원 방법의 포인트를 소개하겠습니다.

첫 대면에 함부로 웃음을 짓지 않는다

- 어린이 프로그램에 나오는 형이나 누나처럼 할 필요는 없습니다.
- 아이가 첫 만남에서 싱글벙글 웃는 서포터의 모습을 보고

190

'뭐든지 내 맘대로 해도 된다'라고 해석해 버리면 지시가 전혀 통하지 않고 자신만의 룰, 자신만의 세계로 직진해버립니다.

- 그러므로 첫 대면에 웃는 얼굴은 금물입니다.
- 아이와의 신뢰 관계가 확립되면 싱글벙글 웃어도 괜찮습니다.

신뢰 관계를 위해 말할 때 유의사항

- 목소리 톤은 나지막하게 유지합니다.
- 말꼬리를 낮추고 무심하고 절제된 어조로 말합니다.
- 큰 목소리, 호통은 바람직하지 않습니다.
- 문장 하나하나의 어절은 짧게, 내용은 간단명료하게 전달합니다.

▍ 신뢰 관계 확립의 중요한 열쇠

신뢰 관계 확립에 있어서 중요한 열쇠는 식사입니다. 키라의 경우 집착 중에서 음식의 촉감과 온도에 대한 집착이 가장 강합니다. 그렇기에 식사를 지원하는 것으로 신뢰 관계 등 모든 것이 정해진다고 해도 과언이 아닙니다.

현재 키라의 경우 편식에 대해 트레이닝 중입니다. 조건을 붙여서 솜씨 좋게 줄다리기를 해야 합니다. "하고 싶은 대로 해도 돼"라는 인상을 주는 것은 절대 금물입니다.

신뢰 관계를 위해 말할 때 유의사항

먼저 목소리 톤은 나지막하게 유지한다. 말꼬리를 낮추고 무심하고
절제된 어조로 말한다. 큰 목소리나 호통은 바람직하지 않다.

그리고 상동행동은 무조건 금지하는 것을 원칙적으로 합니다.(127~138쪽 참조)

자폐 아이 경우 다양한 감각 과민이 있습니다. 키라는 원래부터 양말 신는 것을 아주 싫어합니다. 감각 과민을 고려하며 이런저런 단계적 노력을 통해 양말을 신게 되기까지 수년이 걸렸습니다. 그만큼 집착도 강합니다.

'멋대로 양말 벗기'는 제멋대로 모드로 바로 연결되고 자폐 경향도 강해지는 지름길입니다. 그래서 양말을 벗는 것은 반드시 서포터나 보호자의 허락을 받도록 해야 합니다. 아이가 멋대로 벗으면 다시 신깁니다. 날씨가 더워서 양말을 벗을 것이 예상될 때는 자기 맘대로 벗기 전에 허가 지시를 내려줍니다.

지시할 때 알아야 할 사항

중증 자폐인 키라가 아는 단어는 유치원생 이하 즉, 3~5세 수준입니다. '이거', '그거', '저거'라고만 하면 이해하지 못합니다. 물건이라면 구체적으로 그 이름을 말하거나 해당 물건을 손가락으로 가리킵니다. '가로·세로', '앞·뒤'도 이해하지 못합니다. 따라서 말이 아니라 정확히 손가락으로 가리키거나 정해진 장소까지 함께 행동하는 식으로 지원합니다. 키라의 경우 '즐겁다', '기쁘다', '싫어', '무서워'라는 말은 이해합니다.

서포터가 서야 할 위치

- 서포터의 위치는 지원하는 데 있어서 기본입니다.
- 아이가 서포터의 존재를 의식할 수 있고 서포터도 아이에게
  서 시선을 떼지 않을 수 있는 위치, 아이의 정면에서 비스듬
  히 앞쪽이 가장 좋습니다.

아이가 서포터를 의식할 수 있는 위치에 있어야 지시도 통하고
갑자기 달려가는 것도 방지하며, 달려나간다고 해도 금세 제지할
수 있습니다. 아이와 신뢰 관계가 확립할 때까지 서포터의 기본적
인 위치는 아이의 비스듬히 앞쪽으로 합니다. 단, 아이가 혼자서
행동하는 것을 연습할 때는 아이의 뒤쪽에서 지켜봅니다.

14

긴급 연락처
꼭 기재하기

마지막으로 '긴급 연락처'를 넣습니다. 무슨 일이 있을 때는 보호자에게 연락부터! 긴급 상황에도 당황하지 않도록 미리 작성해 둡니다.

실시간으로
연락할 수 있는 방법을
기재합니다.

긴급 연락처
자택 : ○○○-○○○-○○○○
엄마 휴대폰 : ○○○-○○○○-○○○○
메일주소 : katyanrennraku@○○.ne.jp

지기소개

대규모 재해 발생 시 만남의 장소
❶ 자택(○○○아파트 ○○동)
❷ F 중학교 정문
❸ F 중학교 체육관 앞
❹ F 중학교 뒷산(교정 북쪽)

만약의 사태 발생 시,
가족끼리 협의한
만남의 장소를
적습니다.

수십수백 번의
실패 뒤에 만들어진 결과물

"우리 애는 자해가 심해서 온종일 자기 머리를 쾅쾅 때려요. 그렇게 때리는 걸 못 하게 해야 할까요?"

아이가 어릴 때는 어린아이가 자기 자신을 때리는 모습을 보는 것이 안타까워서 …… 신체가 커지면 그 모습에 체념과 애달픔, 두려움이 느껴져서 ……. 자신을 때리는 모습을 보는 것은 실로 안타깝고 괴롭고 화도 납니다.

"그러면 어머님도 괴롭고, 무엇보다 아이도 괴롭겠죠. 보통 어떤 때 자신을 때리나요?"

"여러 경우가 있어요. 배가 고프니까 뭔가 먹을 걸 달라는 요구일 때도 있고, 싫다는 표시일 때도 있고, 놀아 달라는 요청일 때도 있어요. 또 저의 반응을 즐기기도 하고 혼자 노는 것일 때도 있고 …… 어쨌든 너무 심하답니다."

어머니는 무의식중에 상당히 많은 분석을 하고 있었습니다.
제가 '떼쓰기의 악순환'에 관해 말씀드리니 무슨 말인지 알겠다고 수긍하는 표정을 짓습니다. 하지만 조금 슬픈 표정을 지으면서 이렇게 말합니다.

"제가 좀 더 제대로 알아차렸다면 아이를 이렇게 괴롭게 하지 않았을 텐데요 ……"라며 자신을 책망합니다.
아닙니다. 그렇게 자책하지 마세요!
저도 허다한 실수와 실패를 반복하고 나서야 비로소 깨달았습니다. '서포트북'은 수십수백 번의 실수와 실패를 한 뒤에야 만들어진 결과물입니다. 깨달음은 다음 단계로 가는 소중한 첫걸음이 되지요.

실패는 성공의 어머니라는 것을 기억해야 합니다.

무발화와 모방 능력이 부족하고 지적장애까지 동반한 중증 자폐 아이 경우
'깨끗하다·지저분하다'라는 의미도 모르고 게다가 편식과 과잉행동 등
강한 자폐 증상이 모든 생활 영역에서 나타납니다. PART 4에서는
일상생활 전반에 지원이 필요한 아이를 위해 "이렇게 하는 것이 효과적이다",
"이런 부분은 주의가 필요하다" 등의 지원 방법을 구체적으로 소개합니다.

Part 4

서포트북으로

일상생활을
지원하는 방법
실전편

1

'의료적 측면'
지원하는 방법

기존 질병의 증세가 심해지거나 다치는 등 만일의 경우에 당황하지 않도록 필요한 항목을 꼼꼼하게 기재합니다.

혈액형 O형 (1994년 검사)

기왕력

- 꽃가루 알레르기(1997년부터 매년 봄·가을)
- 왼쪽 발목 염좌(2000년 여름)
  다친 이후 무릎 꿇고 앉을 때 왼쪽 다리는 바깥쪽을 향함
  관절이 뻣뻣하여 안쪽으로 향하지 않음
- 충수염(2002년 6월)

- 진균성 피부염(2002년 겨울, 약 복용으로 치료 완료)
- 다른 약물·음식 알레르기는 없음

▮ 지참하는 약 정보

내복약

- 수면을 위한 약(취침 전)
- 세레네이스*(2포, 봉지에 붉은 줄)
- 테그레톨(2포, 봉지에 파란 줄)
- 멜라토닌(1정)
- 꽃가루 알레르기(복용 기간: 1~3월·초여름·초가을)
- 아침: 알레기살·무코다인(각 1정)
- 취침 전: 알레기살·무코다인(각 1정), 니폴라진**(1정)
- 내복약은 1회분씩 포장 완료

◇◇◇◇◇◇◇◇◇

* 키라의 경우 세레네이스(Serenace)를 2010년 7월까지 복용했고 이후 조금씩 아빌리파이(Abilify)로 전환해 현재는 아침저녁으로 3mg씩 복용 중. 아빌리파이는 2세대 항정신성의약품으로 조현병 약으로 주로 사용하지만 자폐에도 사용함. 리스페달을 복용하는 분도 있어서 시험 삼아 복용했지만 마구 달리는 등 충동성과 과잉행동이 심해져 복용을 중단함.
** 니폴라진(NIPOLAZIN)은 일본 약 이름으로 메퀴타진 성분의 항히스타민제.

약 먹일 때

여기, 약 먹자

'서포터가 가루약을 아이 입에 넣어준다' 등으로 아이를 어떻게
지원하면 되는지, 아이가 할 수 있는 행동은 어디까지인지 구체적으로 알려준다.

상비약

처음 가는 병원에서는 진료받기가 어려울 수 있으므로 상비약
도 언제나 함께 들려 보냅니다.

- 비오페르민: 정장제. 설사, 복통이 있을 경우(아침·점심·저
  녁, 각 1정)
- 칼로날: 해열·진통제. 38.5도 이상의 열, 혹은 심한 통증이
  있을 때(1회 2정. 지속 복용 시에는 6시간 간격으로)
- 상비약 사용 전에 반드시 보호자에게 연락해 주세요.

▌약 먹일 때 지원 방법

내복약

- 알약, 캡슐 약, 가루약 모두 스스로 먹을 수 있습니다.
- 가루약이 여러 종류 있을 때는 봉지 하나에 모읍니다.
- 가루약은 봉지 한 모서리에 모으고 다른 모서리는 자릅니다.
- 서포터가 가루약을 아이의 입에 넣어 주세요.
- 그리고 곧바로 캡슐 약과 알약을 모아서 물과 함께 아이에
  게 건네주세요.
- 가루약, 알약 모두 소량의 물과 함께 문제없이 복용할 수
  있습니다.

좌약

- 좌약 삽입은 단호히 거부하므로 투약할 수 없습니다.
- 그러므로 진통제, 해열제는 전부 내복약으로 복용하고 있습니다.

점비약(nose drops)

- 꽃가루 알레르기로 콧물, 코막힘이 심할 때 사용합니다.
- 사용 전, 점비약을 보여주고 "넣을거야"라고 말합니다.
- 의자에 앉아서 코 안에 넣습니다. 싫어하지 않습니다.
- 점비약 사용 후 약과 콧물이 나오므로 아이에게 티슈를 미리 건네 둡니다.

안약

- 꽃가루 알레르기로 인해 눈의 가려움이 심할 때는 안약을 사용합니다.
- 안약 넣는 것을 싫어합니다. 현재 점안 연습 중입니다. 저는 그럭저럭 점안에 성공하는 편입니다.
- 위쪽을 보고 눕게 한 후, 서포터는 머리 위쪽에 앉습니다.
- 안약을 보여주며 "넣을거야"라고 말합니다.
- 그리고 "차렷"이라고 말한 후, 재빨리 눈에 안약을 떨어뜨립니다.

- 점안 후 눈을 만지지 못하도록 "차렷"이라고 말하고 곁에 있어 주세요.
- 실패하더라도 무리하지 마세요. 점안하지 못했을 때는 청결한 손수건이나 티슈에 안약을 적셔서 눈 주위를 가볍게 닦아주세요.

반창고·습포제

- 기본적으로 싫어합니다. 곧바로 뗍니다.
- "떼면 안 돼"라고 메모를 통해 사전에 약속합니다. 곁에서 지켜봐 주세요.
- 그래도 계속 떼려고 할 때는 서포터가 떼어 주세요.

체온 측정

- 10초 전자체온계만 사용 가능합니다(지참). 수은체온계는 바람직하지 않습니다.
- 체온계를 아이에게 건네면 스스로 겨드랑이 아래에 넣었다가 측정 음이 들리면 꺼냅니다.
- 체온계를 넣고 빼기가 미숙해서 에러가 계속 발생할 때는 아이에게 "선생님이 해줄게"라고 전달하고, 서포터가 측정해 주세요.

❚ 꽃가루 알레르기에 대응하기

꽃가루 알레르기가 심해지면 재채기, 콧물, 코피, 눈 가려움 등의 증상이 나타납니다. 각각의 증상에 대처하는 방법을 설명하겠습니다.

재채기, 콧물

- 마스크를 씀으로써 예방합니다.
- 재채기할 때는 손으로 입을 가리는 몸짓을 보여주며 지시해 주세요.
- 콧물, 코막힘이 심할 때는 점비약을 사용합니다.
- 코를 풀 때는 코를 풀라는 지시를 주면 스스로 풉니다.
- 콧물이 나면 티슈를 건네줍니다. 혹은 스스로 티슈를 뽑아 오도록 티슈가 있는 곳을 손가락으로 가리켜 알려줍니다.
- 코를 푼 후에는 휴지통에 버리거나 호주머니, 가방 등 넣어 둘 장소를 정해주고 그곳에 넣으라고 지시해 주세요.

코피

- 앉은 상태에서 코뼈 부분을 압박하여 지혈합니다.
- 아이 자신은 싫어하지만 "움직이면 안 돼"라고 말하면 됩니다.
- 지혈 후, 코에 손가락을 집어넣으려고 하므로 계속 지켜봐

주세요.

- 코피가 완전히 지혈이 안 되었을 경우 아이가 계속 신경을 쓰고, 그러다 보면 흥분합니다. 그것을 방지하기 위해 티슈를 작게 뭉쳐 콧구멍을 막아 주세요.
- 콧구멍의 티슈를 빼려고 하므로 계속 지켜봐 주세요.

눈 가려움

- 바깥으로 나갈 때는 선글라스를 씁니다.
- 가려움이 심할 때는 안약을 사용합니다.

2

'식사'
지원하는 방법

아들 키라는 어려서부터 입에 들어가는 음식의 촉감, 온도, 냄새에 강한 호불호가 있었습니다.

밥은 따끈따끈한 흰밥밖에 먹지 않습니다. 반찬은 따끈따끈한 새우튀김, 건더기가 없는 카레, 그리고 따뜻한 우동과 라멘을 좋아합니다. 그 외에 납작한 쌀과자를 좋아합니다.

과도하게 강한 편식은 "키라는 ○○밖에 못 먹으니까"라는 인식을 고착시켜 활동 확장에 방해가 되었습니다. 게다가 밥을 혼자서 능숙하게 먹지 못하므로 항상 전면적으로 지원이 필요했습니다.

그래서 과도한 편식을 줄이고자 규칙을 세우고 여러 방법을 찾

208

아 시도했습니다.

먼저 식사는 365일, 1일 3회 반드시 합니다. 매일 조금씩 조금씩 무리하지 않고 이 방법, 저 방법에 도전했습니다. 그러다 보니 어느새 먹을 수 있는 음식이 상당히 늘었습니다.

아이의 편식은 여전히 꽤 남아있지만 음식 온도에 대한 고집은 약화되고 있습니다. 최근에는 메뉴에 따라 차이는 있지만, 지원하는 방법에 아이디어를 가미하면 급식을 전부 먹는 날도 생겼습니다.

그런 아이의 식사할 때 지원하는 방법을 소개하겠습니다.

좋아하는 음식·비교적 거부감이 적은 음식

좋아하는 음식

- 따끈따끈한 밥, 특히 조미한 밥
- 건더기가 적은 카레, 소고기덮밥, 고기, 생선, 채소 등을 넣고 지은 밥
- 따끈따끈한 라멘, 우동
- 따끈따끈한 돼지고기 비엔나소시지
- 쌀과자. 특히 가메다사(社)의 감 씨 모양 과자
- 목캔디나 민트 사탕, 바닐라 소프트아이스크림, 초코맛 쮸쮸바, 찰떡아이스

비교적 거부감이 적은 음식

- 따뜻한 생선구이, 생선조림, 고기 요리
- 따끈따끈한 프렌치프라이, 닭튀김, 돈카츠, 그라탱, 도리아
- 따뜻한 케첩 맛 파스타
- 해조류 전반(샐러드, 국, 조림)
- 따끈한 된장국 등 국류

▮ 싫어하는 음식 먹일 때 지원 방법

다소 싫어하는 음식

- 미지근한 고기와 생선 요리(현재 먹는 연습 중)
- 빵과 케이크
- 과일 전반
- 먹는 양은 일반적인 양의 절반 이하가 목표
- 먹을 양을 한눈에 알 수 있도록 미리 작은 접시에 담음
- 고기나 생선은 한입 크기로 자름

한두 입 맛보는 것이 한계인 음식

- 춘권, 만두, 사오마이(딤섬의 일종), 고기만두 등
  걸쭉한 속재료가 들어간 음식
- 토란, 마 등 끈적끈적한 종류의 음식
- 호박, 감자 등 포슬포슬한 종류의 음식

- 먹을 양을 한눈에 알 수 있도록 미리 작은 접시에 담음
- 사오마이, 만두는 한입 크기로 자름
- 경우에 따라 껍질만 먹어도 괜찮음
- 목표량은 한두 입

못 먹는 음식

- 달걀 요리 전반
- 회, 마리네이드 등의 날것
- 먹을 양을 한눈에 알 수 있도록 미리 작은 접시에 담음
- 목표량은 한 입 혹은 혀만 대보기
- 일회분 크기는 몇 밀리미터 단위로 아주 작게 자르고, 무리해서 먹지 않도록 함

밥과 빵, 과일

밥

- 따끈따끈한 밥을 가장 좋아함. 조금 식은 정도는 괜찮음
- 맨밥도 좋아하지만 후리가케가 있으면 더 좋아함
- 조미한 밥, 간장 맛 양념을 뿌린 밥을 아주 좋아함
- 소고기덮밥, 카레, 우스터 소스를 뿌린 돈카츠덮밥을 좋아함. 단, 덮밥 위에 달걀을 올린 것은 먹지 않음
- 튀김덮밥은 밥 부분을 아주 좋아하고 튀김은 좋아하지 않음

주먹밥

- 주먹밥 안의 내용물은 연어, 다시마, 참치, 매실장아찌가 무난함. 혹은 내용물을 넣지 않음
- 김은 바삭바삭하게. 김만 먼저 먹음
- 원래 크기의 주먹밥은 받아도 손을 대지 않음. 주먹밥을 한입 크기로 잘라 작은 접시에 담음

라멘·우동·메밀국수

- 라멘 가게에서 먹는 것을 아주 좋아함
- 기본적으로 담백한 맛을 좋아함. 최근 미소(된장) 라멘에 빠졌음
- 해산물 컵라면도 아주 좋아함
- 메밀국수보다는 우동을 좋아함. 찬 것보다 따뜻한 우동과 메밀국수를 좋아함
- 특히 유부 우동, 스키야키 우동*을 아주 좋아함

수프·된장국

- 걸쭉하고 차가운 수프는 좋아하지 않음
- 포타주 같은 것도 좋아하지 않으므로 양은 아주 적게

◇◇◇◇◇◇◇◇◇◇

* 소고기 전골에 우동 면을 넣은 것

- 된장국 등의 국류는 데우면 거의 무난하게 먹음
- 국류의 건더기는 고기, 생선, 채소, 해조류 등 다 먹음
- 두툼한 두부 튀김, 두부는 다소 꺼리므로 양을 적게

반찬

- 식재료, 조리법에 따라 반응은 천차만별임. 지원하기가 가장 어려움
- 좋아하는 음식, 싫어하는 음식 참고함

빵·케이크

- 빵, 케이크 전반을 좋아하지 않음. 그대로 내주면 전혀 손을 대지 않음
- 한입 크기로 잘라서 먹을 만큼만 작은 접시에 담음
- 식빵, 버터롤은 토스트한 후 버터나 마가린을 발라주면 비교적 잘 먹음
- 토스트할 수 없을 때는 한입 크기로 자른 빵에 잼이나 마요네즈를 바름
- 샌드위치 속 재료는 햄, 채소, 참치, 잼은 괜찮음. 돈카츠 샌드위치, 달걀 샌드위치는 좋아하지 않음
- 따뜻하게 데운 피자는 한 조각 정도 먹음. 차가운 피자는 먹지 않음

- 단맛이 나는 빵은 비교적 잘 먹지만 단팥빵은 먹지 않음
- 스펀지케이크는 좋아하지 않지만 생크림은 좋아함

과일

- 배, 사과, 귤, 파인애플, 멜론은 먹을 수 있음
- 수박, 복숭아, 바나나, 포도, 딸기는 좋아하지 않지만 먹을 수 있음
- 배, 사과, 복숭아는 일반적인 방법으로 잘라서 주면 됨
- 껍질은 싫어하여 조금 남겨두면 손으로 벗기려고 함
- 수박을 숟가락으로 먹는 연습 중임
- 포도는 껍질째 먹어버리므로 한 알 한 알, 껍질을 반 정도 까서 건넴. 껍질 부분을 집어서 먹은 후 껍질은 버리는 연습 중임
- 귤은 스스로 껍질을 까서 먹음

상태에 맞춰서 밀고 당기기

서포트북을 참고하며 식사를 지원했는데도 머리를 쾅쾅 박아 대는 떼쓰기 생명체로 변신하는 이유가 뭘까요?

이유 중 하나는 '자폐 경향'입니다. 아이는 자폐 경향의 강도에 따라 매일 급변합니다. 그 격차가 어마어마하다 보니 아이를 '외계인 28호', '유리 소년'으로 부르는 사람들도 있습니다.

214

그때그때 아이의 상태에 맞춰서 이 방법 저 방법 갖은 수단을 써봅니다. "밀어서 안 되면 당겨 보자!" 이런 생각으로 아이와 줄다리기합니다.

그러다가 맞는 방법을 찾아서 아이가 해내도록 도움으로써 "이 정도 (참는 것쯤은) 괜찮네", "나도 꽤 하잖아!"라고 아이가 생각할 수 있게 되길 바랍니다.

떼쓰기 전에 싫어하는 음식 내려놓기

서포트북에 '지원 방법에 따라 조금은 먹을 수 있다'라고 쓰여 있어서 그대로 해봤는데도 아이가 갑자기 탠트럼을 일으키며 머리를 쾅쾅 박는 경우가 있습니다.

당황하여 그 음식을 물리고, 급기야 "먹지 않아도 돼"라고 말했습니다. 이것이 몇 번 반복되니 아이는 회심의 미소를 짓습니다. '먹고 싶지 않을 때는 떼쓰면 된다'라는 좋지 않은 도식이 성립되어버린 거죠.

그러므로 자폐 경향이 강할 때는 평소에는 싫어하긴 해도 먹던 음식을 미리 제외시키는 것이 좋습니다. 떼쓰기 전에 "이건 먹지 않을 거야"라고 말하며 눈앞에서 내려놓거나 치웁니다.

이때 중요한 것은, 마치 처음부터 정해져 있었던 것처럼 아이가 떼쓰기 전에 실행하는 것입니다. 아이가 "뭐야, 내 맘을 다 알고 있잖아"라고 느끼도록 하는 겁니다.

편식이 심할 때

떼쓰기 전에 "이건 먹지 않을 거야"라고 말하며
아이 눈앞에서 내려놓거나 치운다. 마치 처음부터 정해져 있었던 것처럼.

'파이팅 접시' 작전

'파이팅 접시'는 싫어하는 음식을 먹을 때 활용하는 방법입니다.

배식할 때 아이가 싫어하거나 잘 못 먹는 음식은 크기가 작은 '파이팅 접시' 위에 올려서 내놓습니다.

그러면 아이는 파이팅 접시의 음식을 묵묵히 먹습니다. 다 먹고 나서 "어때요, 해냈죠?"라는 듯이 의기양양한 표정을 짓습니다.

그런데 자폐 경향이 강하면 파이팅 접시에도 강한 거부 반응을 보입니다. 그럴 때는 다음과 같이 지원 방법으로 변경합니다.

배식 때 다른 사람들과 같은 식기에 같은 분량을 담습니다. 그것을 본 아이는 '싫어!', '못 먹어!'라고 생각할 것입니다. 그러면 아이가 떼쓰기 전에 "덜어줄게"라고 말하며 소량을 파이팅 접시에 덜어 담은 후, "이것만 먹어"라고 말하며 파이팅 접시를 아이 앞에 놓아줍니다. 그리고 나머지 음식은 아이가 보는 앞에서 반납합니다.

그렇게 하면 신기하게도 조금 전까지 거부하던 양의 음식을 바로 먹습니다. 아이에게는 '저거(일반적인 양)에 비하면, 이거(파이팅 접시)는 훨씬 쉽지'라는 느낌으로 다가오기 때문인 것 같습니다.

식사를 마칠 때

아이가 자기 뜻대로 그만 먹기로 해서 식사를 마치는 것은 바람직하지 않습니다. 반드시 서포터의 지시에 따라 끝내도록 해주세요.

싫어하는 음식도 반드시 한 입, 혹은 맛이라도 봅니다.

그래서 아이가 "내가 해냈다"라고 생각할 수 있도록 합니다.

처음부터 입에 가져가거나 먹을 것이라는 기대를 내려놓고 가벼운 기분으로 지원하면 됩니다.

그리고 음식을 제대로 먹지 않더라도 조바심 내지 마세요. 음식을 먹지 않더라도 수분만 섭취하면 괜찮습니다.

3

'식사 예절'
지원하는 방법

패밀리 레스토랑에서 온 가족이 느긋하게 식사할 수 있다면 ⋯⋯.

중증 자폐가 있는 아들 키라를 키우는 저의 소원 중 하나입니다. 이 소원을 이루기 위해 느리지만 확실하게, 식사 예절을 가르치고 싶습니다.

식사 시간 지키는 법 가르치기

그림카드로 보여주기

시계에 끝나는 시간을
부착하여 제시

숫자와 시곗바늘의 위치는 이해하지만 시계를 볼 줄 모를 경우
'똑같아 똑같아'(매칭)를 사용하여 식사 종료 시각을 알려준다.

⚱ 젓가락·숟가락 사용하기

젓가락

- 기본적으로 젓가락을 써서 식사합니다.
- 오른손잡이고 검지를 세운 채 연필을 쥐듯이 사용합니다.
- 크기가 큰 고기나 생선을 젓가락으로 집지는 못합니다. 그러므로 먹기 좋은 크기로 잘라주세요.
- 생선의 뼈와 살을 바르는 섬세한 동작은 젓가락으로 하지 못해 왼손으로 뼈나 껍질을 떼어냅니다.

숟가락, 포크

- 포크는 음식을 찍거나 건질 때 사용합니다.
- 아직 움켜쥐어 잡으므로 차츰 엄지, 검지, 중지를 사용하여 잡을 수 있도록 지시해 주세요.
- 움켜쥐고 있을 때 손을 톡톡 두드리면 쥐는 법을 바꾸도록 지시합니다. 바꾸지 않을 때는 '2인 합체 동작'으로 쥐는 법을 가르쳐 주세요.

왼손 사용법

- 왼손은 식사할 때 식기를 받치거나 식기에 가져다 댑니다.
- 왼손이 놀고 있으면 왼손을 써서 음식을 먹으려고 합니다.
- 왼손이 아무것도 하지 않고 놀고 있으면 식기를 손가락으로

가리키며 "그릇 들어"라고 말해주세요.

▌ '식사 예절' 가르치기

앉아서 기다리기

- 식사 종료 시각, 즉 "잘 먹었습니다"를 말할 때까지 앉아서 기다리게 합니다.
- 차분히 앉아서 기다리지 못할 때는 타이머나 시계로 기다리는 시간을 알려주세요.
- 그래도 일어서려고 할 때는 멋대로 일어나기 전에 식사 종료 즉, "잘 먹었습니다"를 말하라는 지시를 내려주세요.
- '멋대로 움직여도 된다'라는 정보가 입력되지 않도록 주의합니다.

기다리는 시간 알려주기

아이는 시계를 볼 줄 모릅니다. 하지만 숫자와 시곗바늘의 위치는 이해합니다. 그러므로 '똑같아 똑같아'(매칭)를 사용하여 "잘 먹었습니다" 즉, 식사 종료 시각을 알려주고 그때까지 '앉아서 기다릴 것'을 전달합니다.

의자에 단정히 앉기

- 의자에 앉을 때는 다리를 쭉 뻗지 않도록, 또 의자 위에 무

릎을 꿇고 앉지 않도록 해주세요.

- 자폐 경향이 강할수록 의자에 무릎을 꿇고 앉으려 합니다. 일단 무릎을 꿇고 앉으면 의자째로 앞뒤로 흔들흔들 움직이는 행동을 하므로 주의가 필요합니다!

손이 더러워졌을 때

- 손에 묻은 것을 옷의 가슴판이나 바지에 닦는 것은 금지합니다. 수건을 아이 근처에 준비해 두고 손이 더러워지면 수건으로 닦도록, 수건을 손가락으로 가리키며 지시해 주세요.
- '손을 닦다 = 손가락의 더러움을 없앤다'라는 의미를 이해하지 못하므로 수건으로 손가락을 문지르거나 쓰다듬는 형태가 됩니다. 더러움이 남아있을 때는 서포터가 마저 닦아 주세요.

덮밥을 만들려고 할 때

- 불고기, 채소볶음, 마파두부, 생선구이 등의 반찬을 밥 위에 얹어서 '덮밥'으로 만들곤 합니다. 반찬의 양념을 밥에 흠뻑 뿌려서 먹고 싶은 듯합니다.
- 마파두부, 불고기, 채소볶음 정도는 괜찮지만 생선구이 등 일반적으로 'ㅇㅇ덮밥'이 되지 않는 것은 금지합니다. 사전에 반찬을 손가락으로 가리키며 "밥 위에 얹으면 안 돼"라고 말해주세요.

덮밥을 만들려고 할 때

마파두부, 불고기, 채소볶음 정도는 괜찮지만
생선구이 등 일반적으로 '○○덮밥'이 되지 않는 것은 금지한다.

- 기본적으로 맨밥도 먹지만 불고기나 마파두부 등 양념이 밴 밥을 더 좋아합니다. 한사코 반찬 양념을 고집하거나 자폐 경향이 강할 때는 서포터가 반찬 양념이나 간장을 밥에 뿌려서 조미해 주세요.

음식을 많이 흘릴 때

- 허둥지둥 먹을 때나 한 번에 잔뜩 먹으려고 할 때 음식을 많이 흘리므로 "천천히"라고 말하거나 입에 음식을 넣으면 씹어서 삼킬 때까지 젓가락을 내려놓도록 지시해 주세요.
- 식사를 마치면 흘린 음식물을 정리합니다. 옷에 묻은 경우는 그 부분을 손가락으로 가리켜 스스로 버리도록 해주세요.
- 탁자에 흘린 것, 바닥에 떨어진 음식물은 주워서 휴지통에 버립니다. 단, '바닥에 떨어진 것 = 더럽다'라는 의미를 이해하지 못하므로 주워서 입에 넣는 경우가 있으니 주의가 필요합니다!

뷔페식당에 갔을 때

- 편식이 심하고 음식 온도에도 강한 호불호가 있는 아이에게 뷔페는 어려운 장소입니다.
- 그러므로 먹을 음식을 스스로 고르고 그릇에 덜어서 먹는 뷔페 형식에 '적응'하는 것을 최우선으로 합니다.

- 음식을 고르는 법, 그릇에 떠서 담는 법 등 모든 것을 지켜보며 지시하고, 필요할 때에는 옆에서 거들어주는 등의 지원이 필요합니다.
- 집에서는 식기를 탁자로 옮길 때 쟁반을 사용하고 있지만 트레이를 들고 다니며 음식을 고르거나 담는 것은 익숙하지 않습니다. 음식을 고르고 담는 것에 정신이 팔려 트레이까지 신경 쓸 겨를이 없어서 트레이와 트레이 위의 음식을 쏟기도 합니다.
- 상태를 지켜보면서 거들어주거나 트레이를 들어주는 등의 지원을 해주세요.

⌛ '자폐 경향'이 강할 때 주의할 점

식사할 때 먹는 법이나 예절도 그때그때의 자폐 경향에 따라 달라집니다. 자폐 경향이 강할 때 주의할 점은 다음과 같습니다.

주위 상황에 과민하게 반응할 때

- 자폐 경향이 강할 때일수록 주위 움직임과 소리에 민감하게 반응합니다.
- 주위의 소리가 클수록 그에 영향을 받아 소리를 냅니다. 의자를 흔들흔들하거나 벌떡 일어서는 등 가만히 있기 힘들 때일수록 주위 사람의 움직임에 과민하게 반응합니다.

- 자폐 경향이 강할 때는 소음이 덜 나거나 사람들의 움직임이 보이지 않는 등 자극이 적은 자리를 선택해 주세요.

한꺼번에 먹으려 할 때

- 싫어하는 고기나 생선, 채소 등은 한 번에 잔뜩 입이 미어지도록 넣습니다. 그리고 거의 씹지 않고 삼키려고 합니다. 자폐 경향이 강할 때일수록 그렇습니다.
- 입안 가득 넣는 것을 방지하기 위해 음식을 한 번 입에 넣으면 젓가락을 내려놓도록 지시합니다. 음식이 신경에 거슬리는 듯하면 그릇도 약간 멀리 떼어놓습니다.
- 음식을 여러 번 씹은 후 삼키도록 지도합니다. 제대로 삼킨 다음 음식을 입에 넣도록 지도합니다.
- 국이나 주스, 차 등의 음료도 얼마 남지 않으면 단숨에 들이키려고 합니다.
- 한 모금 마시면 목구멍으로 꿀꺽 넘길 때까지 마시지 않도록 지시합니다. 컵이나 찻잔을 들지 않도록 손으로 막고, 다음에 마시려고 할 때 손을 놓아 주세요.

4

'목욕'
지원하는 방법

아들 키라는 목욕을 아주 좋아합니다. 하지만 혼자 목욕하거나 몸을 씻는 것은 하지 못합니다.

당일치기가 아닌 수학여행이나 캠프에 간다면 목욕을 해야 합니다. 따라서 목욕할 때의 방법과 예절도 현재 연습 중입니다.

▌목욕하기 전 유의할 사항

- 사춘기 남아이므로 지원할 때는 기본적으로 남성에게 부탁드립니다.
- 목욕, 온천욕을 아주 좋아합니다.
- 목욕물이 탁하거나 욕조 바닥이 까끌까끌하면 욕조에 앉지

않습니다.

- 노천탕은 장시간도 괜찮습니다. 그러나 실내 욕탕 입욕은 오래 하면 어지러워지므로 짧게 합니다.
- 따뜻한 온도의 목욕물을 좋아하며 목욕물이 뜨거운 경우 반신욕을 하거나 발만 담급니다.

'자폐 경향'이 강할 때

- 자폐 경향이 강할 때는 탈의실·몸 씻는 곳 등 넓은 곳에서 무엇을 해야 할지 모르고 뛰어다닐 때가 있으므로 주의가 필요합니다.
- 미리 "뛰면 안 돼"라고 약속하고 이를 확인시켜 주세요.
- 서포터가 서는 위치가 중요합니다. 서포터의 존재를 아이가 의식할 수 있도록 "떼면 안 돼"라고 아이 앞쪽에서 비스듬히 섭니다. 이때 아이를 앞에 세우지 않습니다.
- 몸 씻기와 옷 갈아입기가 끝나면 의자에 앉아 기다리게 합니다. 세숫대야 등을 들고 있게 합니다. 기다리는 시간은 짧게 해주세요.
- 의자는 서포터 옆에 두고 벽을 향해 앉도록 세팅해 주세요.

⏳ 입욕하기 전후: 탈의실에서

- "목욕할 시간이야. 목욕용품과 갈아입을 옷 챙기자"라고 말

목욕하기 전 유의할 사항

노천탕은 장시간도 괜찮다. 그러나 실내 욕탕 입욕은 오래 하면 어지러워지므로
짧게 한다. 목욕물이 뜨거운 경우 반신욕을 하거나 발만 담근다.

하고 목욕용품(대형 수건·샤워타월·샴푸)를 준비합니다.

- 갈아입을 옷으로 팬티와 반팔 티셔츠를 챙겼는지 꼭 확인하고, 챙기지 않았을 때는 갈아입을 옷들을 손가락으로 가리키며 "갈아입을 옷"이라고 말해주세요.
- 입욕 전에 반드시 화장실에서 소변을 보게 하세요.
- 화장실에서 엉덩이가 깨끗한지 확인하고 깨끗하지 않을 때는 마무리 닦기를 부탁드립니다.
- 벗은 옷은 바구니에 넣습니다.
- 목욕 후 몸을 닦을 대형 수건을 바구니의 가장 위에 놓습니다.
- 대형 수건 아래에 목욕을 마친 후 입을 옷들을 갈아입기 쉽게 포개어 놓습니다. 위에서부터 ①대형 수건, ②팬티, ③반팔 티셔츠, ④잠옷 순서입니다.
- 이 준비는 아이 혼자서는 못합니다. 아이가 할 수 있는 것은 건네받은 물건을 바구니에 놓는 것입니다.
- ①~④를 세트로 묶어 건넬지, 하나씩 건넬지, 혹은 대형 수건만 건네며 놓을 장소를 가리키며 "여기 놓기"라고 말할지는 아이의 상태, 탈의실 상태에 따라 정해주세요.
- 아이는 입욕 준비를 마친 후, 서포터가 준비를 마칠 때까지 의자에 앉아서 기다리게 합니다.

입욕하기

- 욕조에서 헤엄치거나 잠수하지 않도록 해주세요.

- 욕조 밖에서 뛰어다니지 않게 해주세요.

- 순서와 동작에 특별한 집착은 없습니다.

- 욕조에 들어가기 전에 손과 발, 생식기 부근을 가볍게 물로 씻어 주세요.

- 씻는 순서와 동작은 현재 연습 중입니다.

- 샴푸나 비누를 가리키며 "머리 감기", "세수하기", "몸 씻기" 라고 말해주세요.

- 그 지시가 없으면 움직이지 않습니다. 무엇을 해야 할지 모를 때는 뛰어다니거나 물장난을 시작합니다.

목욕을 끝낸 후

- 탈의실에서 뛰지 않도록 주의시켜 주세요.

- 아이의 바구니 위치를 가르쳐 주세요. 대형 수건이 있는 장소를 가리키면 스스로 몸의 물기를 닦기 시작합니다.

- 물기를 다 닦지 않아 물기가 남은 부분을 손가락으로 지시하여 알려 주세요. 특히 겨드랑이, 몸 옆쪽, 어깨, 머리 부분을 잘 닦지 못합니다. 마지막으로 서포터가 확인하며 닦아 주세요.

- 옷은 혼자서 갈아입을 수 있습니다. 옷의 앞뒤, 안과 겉 확

인과 입을 때 부분적인 지원을 부탁드립니다.

• 혼자서 드라이기를 사용할 수는 있으나 머리를 능숙하게 말
리지는 못합니다. 드라이기를 건네주면 스스로 콘센트에 꽂
습니다. "자, 머리 말리자"라고 말하면 스스로 말리기 시작
합니다. 잠시 머리를 말라다가 드라이기를 서포터에게 건넵
니다. 서포터가 덜 마른 부분을 말려 주세요.

5

'세안, 양치질' 지원하는 방법

양치질, 세수, 몸단장은 매일 하는 일이므로 대단히 중요합니다.
쉬워 보이지만 깨끗하다, 더럽다는 개념을 모르는 아들 키라에
게는 어려운 일입니다.

▌ 양치질하기

- 능숙하게 닦지 못하므로 전동 칫솔을 사용합니다.
- 치약을 너무 많이 묻히곤 하니 주의해 주세요.
- 지시가 없으면 같은 부분에 2번 정도 칫솔을 가져다 대고 끝
  내버립니다.
- 닦을 부분을 가리키면서 "쓱싹쓱싹"이라고 말해주세요.

234

- 이 닦는 순서에 집착은 없습니다.
- 마무리는 위를 보고 얼굴을 살짝 뒤로 젖혀서 합니다. "마무리하자"라고 말하며 칫솔을 보여주면 아이 스스로 얼굴을 위로 젖히고 눈은 위를 보며 입을 벌리는 동작을 합니다.
- 턱 주위는 감각이 과민합니다. 자폐 경향이 강할 때는 부주의하게 만지지 않도록 해주세요.

⌛ 세안하기

- 세안은 기본적으로 따뜻한 물로 합니다.
- "얼굴 닦자"라고 말하면 손가락 끝을 물에 적셔서 코 주위를 가볍게 만지고는 끝내버립니다.
- 그러므로 끝내기 전에 아이의 등을 앞으로 구부리듯 살짝 밀어서 세면대에 얼굴을 가까이 대도록 합니다.
- 서포터가 따뜻한 물을 손으로 떠서 아이의 얼굴을 적셔 주세요.
- 서포터의 손으로 비누 거품을 내어 아이의 얼굴을 씻어 주세요.
- "뽀득뽀득 얼굴을 닦자"라고 말하면 쉽게 따릅니다.
- 세면대의 물을 아이의 손으로 직접 뜨도록 지원해주면 아이가 코 주위를 중심으로 씻어냅니다.
- 마지막으로 서포터가 전면적으로 마무리 세안을 해주세요.

- 수건을 아이에게 건네며 "뽀득뽀득"이라고 말하면 입 주위의 물기를 닦습니다. 덜 마른 부분은 서포터가 닦아서 마무리해 주세요.

⌛ 손 씻기

- "손 씻자"라고 말하면 수도꼭지를 열고 물에 손을 적십니다.
- 수도꼭지를 잠그고 비누를 손바닥에 묻힙니다.
- 양 손바닥을 마주 비빕니다. 양쪽 손등을 번갈아 씻습니다. 깍지를 끼고 손가락 사이를 마주 문지릅니다.
- 양쪽 손목을 번갈아 씻습니다.
- 아이가 멈칫하고 멈추면 서포터가 시범을 보여줍니다.
- 덜 씻은 부분이 있으면 손가락으로 가리키며 "여기 뽀득뽀득"이라고 말해줍니다. 또는 서포터가 씻어 주세요.
- 수도꼭지를 열고 스스로 거품을 씻어냅니다. 거품이 남으면 그 부분을 씻도록 유도하거나 서포터가 씻어 주세요.
- 손의 물기를 없애는 동작을 함께 해주세요.
- 소지한 손수건이나 해당 장소에 비치된 수건으로 손의 물기를 닦아 주세요.
- 센 바람으로 말리는 손 건조기를 사용하도록 유도하면 거부하지 않고 사용합니다.

6

'옷 갈아입기'
지원하는 방법

스스로 옷 고르기는 아들 키라에게 어렵고 아직 혼자서는 해
내지 못합니다.

옷 갈아입을 때 옆에서 지켜보면서 필요할 때마다 지시하고 조
금씩 지원해 주면 어느 정도 해낼 수 있습니다.

▌ 옷 갈아입기

옷의 겉과 안 확인하기

- 옷을 꿰맨 이음새가 있는 쪽이 안쪽입니다. 옷이 뒤집혀 있
  을 때는 이음새를 보여주며 "확인"이라고 말해줍니다.
- 그래도 알아차리지 못할 때는 옷을 뒤집는 동작을 보여주거

옷 갈아입을 때 옆에서 지켜보면서 필요할 때마다 지시하고 조금씩 지원해준다.

맨 윗단추는 제대로 끼워 넣을 때까지 지원해준다.

나, 혹은 반쯤 뒤집은 뒤 아이에게 건네줍니다.

옷 앞뒤 확인하고 입기

- 옷의 앞뒤는 옷깃 둘레의 태그와 옷 안쪽에 붙은 태그를 기준으로 삼습니다.
- 맨투맨이나 티셔츠를 입을 때는 목 뒤쪽 태그를 확인합니다.
- 왼손으로 태그를, 오른손으로 옷 오른쪽 솔기의 옷단 부근을 듭니다.
- 옷 안쪽의 왼쪽 이음새에 있는 태그를 확인하면서 왼손으로 옷 오른쪽 솔기의 옷단 부분을 잡고 머리부터 입습니다.
- 점퍼, 카디건 등 앞이 열린 옷은 앞뒤 구분을 쉽게 할 수 있습니다.

맨투맨, 티셔츠 등 머리부터 넣어 입는 옷

- 먼저 옷의 겉과 안 확인, 앞뒤 확인, 입는 순서에 따라 입습니다.
- 입은 뒤에 옷단을 잡아당겨 복장을 단정히 합니다. 서포터의 확인이 필요합니다.
- 서포터가 태그 확인을 해주세요.

셔츠 등 단추가 부착된 옷

• 똑딱단추도, 구멍에 끼우는 단추도 모두 혼자 할 수 있습니다.

• 다만, 단추가 작으면 능숙하게 끼우지 못합니다. 맨 윗단추는 제대로 끼워 넣을 때까지 지원해 주세요.

• 단추 여밈이 어긋나지 않도록 옷깃 양쪽 단을 각각 잡게 한 후 함께 아래로 조금씩 이동하도록 지시해 주세요.

• 마주 보고 서서 "옷깃 잡아"라고 말하며 서포터도 옷깃을 잡는 동작을 합니다.

점퍼 등 지퍼가 부착된 옷

• 지퍼의 아래쪽 고정 부위를 서포터에게 내밉니다. 지퍼의 양쪽 이가 맞물려 고정되도록 도와주세요.

• 서포터가 지퍼를 옷깃까지 위로 올리면 무서워하므로 옷깃을 몸에 붙지 않게 잡고 지퍼를 올려주세요.

바지와 팬티 입기

• 바지나 팬티를 입기 전에 함께 앞뒤를 확인해 주세요.

• 앞쪽이 맞는지 바지 앞 지퍼로 확인합니다. 지퍼가 없는 바지라면 태그로 확인합니다.

양말과 신발 신고 벗기

양말

- 양말의 겉과 안을 바느질 이음새로 구분할 수 있도록 알려 주세요.

- 좌우 구분 시, 발목에 포인트가 되는 무늬가 있으면 그것을 중지로 누르듯이 하며 신습니다. 양말의 좌우에는 그다지 집착하지 않습니다.

- 발꿈치를 가리키며 "발꿈치"라고 가르쳐주며 팽팽하게 잡아당겨 신게 합니다. 발꿈치 부분이 꼭 맞으면 성공입니다.

- 발바닥에 땀이 많이 나므로 항상 축축합니다. 양말을 신을 때 땀 때문에 끈적거려 양말이 잘 올라가지 않습니다. 걸린 부분을 가리키며 "올리기"라고 말하면 스스로 올립니다.

- 양말을 제대로 올리지 못할 때나 짜증이 난 상황에서는 도와주세요.

- 비틀어지게 신었을 때는 비틀어진 부분을 가리키며 올바른 방향으로 손가락을 움직이면 그 동작에 맞춰 스스로 고쳐 신습니다.

신발

- 신발의 좌우를 분간하지 못합니다. 전체적인 형태로 인식하는 듯합니다.

- 맞게 신었는지 확인해 주세요. 양쪽을 바꿔 신었을 때는 신발을 가리키며 "반대"라고 말해주세요.
- 신발 끈은 묶지 못합니다. 신발 끈이 풀리면 묶어 주세요.
- 장화도 거부하지 않고 신습니다.
- 버클이 달린 샌들의 경우 버클을 채우는 것은 할 수 있지만 버클을 푸는 것은 잘하지 못합니다. 서포터가 풀어 주세요.

기타

- 벗은 옷은 옷걸이를 건네주면 스스로 겁니다. 옷걸이에 걸 옷의 수가 많을 때는 순서를 지시해 주세요.
- 옷을 개키는 것은 현재 연습 중이므로 서포터가 해주세요.

7

'수면'
지원하는 방법

규칙적인 수면 리듬은 쾌적한 생활의 기본입니다.

아들 키라는 불면, 얕은 잠 등의 심한 수면장애가 있습니다. 그리고 수면장애는 낮 시간의 생활과 밀접하게 연결됩니다. 그래서 수면장애 예방을 위해 수면을 위한 환경 조성, 투약 컨트롤에 관해 소개합니다.

우선 자폐 경향의 심화 방지, 과잉 흥분 상태 피하기, 극심한 혼란 방지가 중요합니다.(PART 3. 서포트북에 꼭 넣어야 할 기본 정보 _ 해석편, 112~195쪽 참조)

수면장애가 있을 때

옆에 누워서 "자자", "소리 내지 않기"라고 말꼬리를 내리고
작은 목소리로 지시한다. 이때 서포터가 아이와 같은 이부자리에 눕지 않는다.

⚊ 수면을 위한 환경 조성하기

- 특히 좋아하는 베개가 있으면 있는 대로 없으면 없는 대로 괜찮습니다.
- 전등은 켜지 않은 채로 완전히 어두워도 괜찮고 소형 전구를 켜도 괜찮습니다.
- 말하는 소리나 텔레비전 소리가 들리면 좀처럼 잠들지 못합니다.
- "누워 자자" 하고 모두 일제히 누우면 쉽게 이해합니다.
- 현재까지 2층 침대, 1인용 침대, 요와 이불, 침낭을 경험해 봤습니다.
- 겨울에는 추위 때문에 손발이 시려서 잠에서 깰 때가 있습니다. 그때는 함께 누워 몸을 녹여 주세요. 손난로나 온수팩을 활용하면 더 빨리 따뜻해집니다.
- 손발이 따뜻해지면 자신의 이부자리로 돌아가도록 지시합니다. 단, 자리를 옮기다가 잠이 깰 우려가 있을 때는 그대로 같이 누워 잡니다.

⚊ 약으로 컨트롤하기

- 자기 전에 수면 유도제로 멜라토닌을 한 알 먹입니다.
- 세레네이스, 테그레톨, 알레기살 등도 복용합니다.
- 계절이나 아이의 상태에 따라 복용량, 종류가 바뀝니다.(자

세한 사항은 '의료적 측면' 지원하는 방법' 중 내복약, 201쪽 참조)

약을 먹어도 잠이 들지 않을 때

- 30분 경과 후 멜라토닌 알약 반 개를 추가합니다. 최근에는
  잠이 들지 않아도 추가하지 않고 상태를 지켜봅니다.
- 밤 12시를 넘겨도 잠이 들지 않을 때나 한밤중에 잠이 깨서
  타인에게 피해를 줄 때는 추가로 복용하도록 해주세요.

추가로 복용해도 잠이 들지 않을 때

- 옆에 누워서 "자자", "소리 내지 않기"라고 말꼬리를 내리고
  작은 목소리로 지시해 주세요. 이때 같은 이부자리에 누우
  면 서포터의 움직임에 따라 잠들었다가 다시 깰 수 있어 바
  람직하지 않습니다.
- 그래도 잠들지 않고 소란을 부리거나 시끄럽게 할 때는 주변
  에 폐를 끼치지 않도록 다른 방으로 옮기는 등의 지원을 해
  주세요.

8

'화장실' 지원하는 방법

아들 키라는 완벽하지는 않지만 바지를 다 내리지 않고 지퍼만 내리고 소변을 볼 수 있는 상태입니다. 지퍼 배설이 가능하긴 하지만 배설물은 더럽다는 것을 모르므로 사용 후의 변기커버를 맨손 또는 손수건으로 닦거나 손에 묻은 배설물을 옷으로 닦는 등 부적절한 행동을 할 때가 있습니다.

또 '닦는다'라는 의미를 이해하지 못하므로 대변을 볼 때는 반드시 닦아서 마무리하도록 지시해 주어야 합니다. 때로는 옆에서 지켜보다가 적극적으로 지원해줘야 할 때가 있습니다.

힘든 일이지만 잘 부탁드립니다.

✕ '화장실' 가고 싶을 때의 신호

- 소변은 아랫배를, 대변은 엉덩이를 톡톡 두드립니다.
- 어깨를 톡톡 치며 '화장실'이라고 말합니다.
- 양손을 앞으로 내밀며 "주세요"라고 말합니다.
- "무슨 일이야?", "화장실 가고 싶어?"라고 물으면 아랫배를 통통 두드리며 답할 때가 많습니다.

자폐 경향이 강할 때나 용변 신호를 누구에게 전달해야 할지 잘 모를 때는 갑자기 화장실로 뛰어갑니다. 물론 멋대로 혼자 뛰어가는 것은 금물입니다. 혼자 뛰어가지 않도록 사전 유도가 중요합니다. 그래서 소변보기를 지원할 때 소변 색을 살피는 것이 중요합니다. 색이 옅다면 현재 소변이 만들어지는 중이니, 다음 소변까지 시간이 좀 남았다는 의미입니다.

✕ 소변보기

- 기본적으로 서서 용변을 봅니다.
- 좌변기의 변기커버를 올리지 않은 채 서서 소변을 보는 일이 있습니다. 반드시 변기커버를 올렸는지, 사용 후 원위치로 돌렸는지, 변기 뚜껑까지 덮었는지 물어보고 확인해 주세요.
- 지퍼만 내리고 배설하는 것을 원칙으로 하며 엉덩이를 다 내놓는 것은 금지합니다.

- 수영복을 입었을 때는 앞부분만 내립니다.
- 자폐 경향이 강할 때는 일정한 장소 안에 소변을 잘 보지 못합니다. 소변을 조준할 지점을 가리키고 또 아이의 손 위에 서포터의 손을 살짝 대어 도와주세요.
- 변기커버에 묻은 물방울에 집착하여 맨손이나 자기 손수건으로 닦을 때가 있습니다. 닦으려고 하면 제지해주세요.

봄철 꽃가루가 많은 시기나 방이 건조할 때 저녁 식사 후, 외출 전 물 마시는 것에 대한 관리가 중요합니다. 특히 꽃가루 알레르기가 있어서 목이 따끔거리면 물을 자주 마십니다. 따라서 소변의 횟수도 늡니다. 잠들기 전에 물을 너무 많이 마시면 밤에 화장실에 다니느라 잠을 잘 수 없게 되므로 물 마시는 횟수를 확인해 주세요.

▌대변보기(양변기의 경우)

- 바지는 무릎 위까지 스스로 내리고 앉습니다.
- 배설은 혼자서 할 수 있지만 변을 본 후 미처 닦지 못한 변이 남습니다. 반드시 마무리 닦기를 부탁드립니다.
- 소변을 보고 온 직후인데 곧바로 배를 통통 두드리는 등 화장실 신호를 보낼 때는 대변을 보고 싶을 때입니다. "대변?" 하고 물어봐 주세요.

ⅹ 화변기를 사용해야 할 때

쪼그려 앉아서 사용하는 방법을 모릅니다. 함께 들어가서 지원을 부탁드립니다.

선 채로 소변볼 때

- 변기를 더럽히지 않도록 등 뒤에서 2인 합체 동작으로 아이 손 위에 서포터가 손을 포개어 각도를 조절해 주세요.

쪼그리고 앉아 용변볼 때

- 변기 양쪽에 가랑이를 벌리고 발을 놓을 위치를 손가락으로 가리켜 알려주세요.
- 바지와 팬티는 무릎 위까지 내립니다.
- "몸을 굽히자"라고 말하며 허리를 아래쪽으로 가볍게 누릅니다. 무게중심 이동이 서투르므로 비틀거릴 수 있습니다.
- 무언가 붙잡지 않으면 허리를 굽히지 못합니다. 그곳에 변기 외에 잡을 만한 것(수도관 등)을 알려주세요. 잡을 것이 없는 경우는 서포터의 손을 아이의 눈앞에 내밀어 잡도록 해주세요.
- 용변을 마친 후 닦을 때는 엉덩이에서 앞쪽으로 닦도록 지시해주세요.
- 서포터의 마무리 닦기를 부탁드립니다.

- 물을 내리는 법은 손가락으로 가리키며 "물 내려", "당겨", "눌러" 등 상황에 맞는 말로 지시해 주세요.
- 일어서서 바지와 팬티를 올립니다. 셔츠가 비어져 나왔을 때는 셔츠를 잡고 "옷 넣자"라고 말하면 바지 안쪽으로 넣습니다.

▌그 외 주의할 점

- 남자용, 여자용 화장실 구별을 하지 못합니다. 함께 성별 마크를 가리키며 확인하고 "남자 화장실"이라고 알려주세요.
- 화장실마다 문을 여는 법, 문을 잠그는 법, 변기 물 내리는 법이 달라서 사용 방법을 모를 수 있으므로 반드시 서포터가 동행하여 조작 방법을 확인하고 알려주세요.

9

'성교육'
지원하는 방법

아들 키라는 중증 지적장애가 있지만 남자 고등학생이므로 성적인 욕구가 있는 것은 당연합니다. 그렇다고 해서 맘대로 행동하게 내버려 두면 큰 문제가 생기고 맙니다. 그래서 어떤 부분에 신경을 쓰고 있는지 소개합니다.

자위는 자신의 방에서만 OK

성적인 자극을 주는 것

- 이미지를 연상하는 것은 어려우므로 음란한 책이나 사진을 봐도 반응이 없습니다.
- 사타구니에 직접적인 자극(전철에서 무릎 위에 놓은 배낭을 안

고 앉았을 때, 버클이 닿을 때 등)이 올 때
- 다른 사람의 피부를 손끝으로 살짝 만지거나 자기 입술을 만지작거리는 등 입술, 손끝에 감각적 자극이 있을 때

성적 행동을 해도 괜찮은 때와 장소
- 기본적으로 자택에 있을 때만 괜찮습니다.
- 자택에서도 자신의 방에서만 허용합니다.
- 학교나 시설, 외출 중, 캠프 등에서는 원칙적으로 금지합니다.

성 욕구 행동 후 뒤처리
- 아이는 팬티와 바지를 입은 채로 엎드려 성 욕구 처리 행동 (자위)을 합니다.
- 더러워진 팬티는 스스로 빱니다(물만 적실 뿐이지만).
- 갈아입을 팬티를 탈의실에 놓아두면 스스로 갈아입습니다.

▌성교육 지원할 때 주의할 점

아이에게 외견만 보면 건장한 남성입니다. 아이에게 성적인 의도가 없다고 해도 별 뜻 없이 한 행동이 문제를 일으킬 수 있습니다. '하지 않기', '못 하게 하기' 즉, 예방이 최우선입니다.

다음은 문제가 발생하지 않도록 '하지 않기', '못 하게 하기' 위해서 지원할 때 유의해야 할 사항입니다.

- 무료함을 느끼거나 잠들 즈음 흥분 상태가 될 때 엎드려 자는 경우가 있습니다. 그대로 놔두면 자위를 시작합니다. 캠프 참가 등 부적절한 상황에서는 "위를 보고 눕자"라고 말을 하여 위를 보고 눕도록 지시함으로써 자위를 방지합니다.

- 무료하거나 심심할 때 바지 속에 손을 넣습니다. 물론 금지해야 합니다. 손을 넣기 전에 제지해주세요. "손은 무릎", "차렷", "손 넣으면 안 돼" 등의 지시를 내립니다.

- 타인, 특히 여성을 살짝 만지는 행위를 금지합니다. 특히 스타킹을 신은 여성의 다리, 스타킹의 감촉을 아주 좋아합니다. 하지만 다른 사람을 만지면 치한이 됩니다. 여성과 나란히 앉지 않도록, 또 손이 닿는 범위에서 마주 보고 앉지 않도록 해주세요.

- 다른 사람에게 볼일이 있을 때는 "어깨 톡톡"으로 주의를 끕니다. 아이가 갑자기 다른 사람의 손을 잡거나 몸에 접촉하지 않도록 지원해 주세요.

10

'여가활동(수영장)' 지원하는 방법

기대하는 즐거움이 있다면 힘이 나죠! 그건 아들 키라도 마찬가지입니다. 그러므로 아이에게 여가활동은 대단히 중요합니다. 부담 없이 즐기기 위해서 규칙과 예절을 익히도록 연습하고 있습니다.

⚱ 수영장이 정말 좋아!

• 접영 흉내를 내며 물놀이하기를 좋아합니다. 발이 바닥에 닿으면서도 옆에서 보기에는 마치 접영을 하는 것처럼 물에 떴다가 잠수하며 나아갑니다. 물이 많이 튀므로 주위에 사람이 많을 때나 흥분 상태일 때는 금지합니다.

- 손을 휘저어 물의 감촉을 느끼며 수영장 안을 걸어 다닙니다. 그리고 때때로 잠수합니다.
- 벽 쪽에 섰다가 또 잠수하기를 반복합니다. 그러면서 자폐 경향이 강해지므로 아이의 상태를 지켜보며 횟수를 조절하는 것이 중요합니다.

수영장 규칙과 예절 지키기

- 수영장 밖 휴식공간에서 뛰어다니지 않기, 갑자기 물에 뛰어들거나 레인 분리선으로 장난치지 않기, 코스를 가로지르기 금지 등 기본적인 수영장 규칙을 지킵니다.
- 수영모와 고글을 벗고 싶어 하지만 반드시 하도록 지시가 필요합니다.
- 휴식 시간이 설정된 경우 물 밖으로 나와 앉아서 기다립니다.
- 헐렁한 수영복을 입을 경우 사타구니를 만지므로 이를 막기 위해 신체에 밀착되는 경기용 수영복을 입고 그 위에 헐렁한 반바지형 수영복을 착용합니다.

'자폐 경향'에 대한 대응하기

- 흥분 상태이거나 자폐 경향이 강할 때 물속에서 몸을 구부리고 수영장 바닥을 발로 차며 뒤쪽으로 움직입니다. 이런 동작을 할 때는 자폐 경향이 심화된 상태입니다.

- 조금 일찍 휴식을 취하게 하거나 킥판 잡고 물장구치기 혹은 곧바로 잠수하게 하는 등의 개입이 필요합니다.
- 킥판 잡고 물장구치기는 허리나 넓적다리를 지탱해주는 식으로 보조하면 25미터 정도 나갈 수 있습니다. 하지만 아이가 좋아하지 않는 연습입니다.
- 그래서 킥판 잡고 물장구치기는 자폐 경향이 강할 때 행동 수정 방법으로 사용합니다.
- 물속에서 벽을 발로 박차고 몸을 쭉 뻗는 연습도 효과가 있습니다. '훌라후프 통과하기'가 가장 하기 쉽고 좋아하는 방법입니다. 훌라후프가 없을 때는 서포터의 다리 사이를 통과하도록 합니다.
- 킥판 잡고 물장구치기, 벽을 발로 차서 몸을 쭉 뻗는 연습을 하는데 몸이 일자로 펴지지 않고 도리어 몸에 힘이 빠진다면 자폐 경향이 약화하고 있다는 증거입니다. 하지만 신체가 계속 둥글게 말리거나 몸을 쭉 폈다가 곧바로 굽어 버린다면 강한 자폐 경향이 지속되고 있다는 의미입니다.

▌수영복 갈아입기

현재 연습 중입니다. 그때그때 필요에 따라 전면적인 지원을 부탁드립니다. 특히 땀이 날 때 발목까지 오는 경기용 수영복을 입으면 수영복이 발뒤꿈치나 무릎에 걸립니다. 수영복을 잡아당길

수영장에서의 지원 방법

자폐 경향이 강할 때 행동 수정 방법으로 사용하면 좋은
'킥판 잡고 물장구치기'는 아이의 허리나 넓적다리를 지탱해주는 식으로 보조한다.

지점을 손가락으로 가리켜 알려주고 함께 잡아당기는 등 지원이
필요합니다.

수영 전 수영복으로 갈아입기

- 수영복을 입기 전에 화장실에 다녀옵니다.
- 무엇을 해야 할지 잊어버릴 때가 있습니다. 동작을 멈추거나
  머뭇거리면 말이나 손가락으로 가리켜 지시해 주세요.

수영 후 평상복으로 갈아입기

- 수영하면서 물을 많이 먹었습니다. 옷을 갈아입기 전에 화
  장실에 다녀옵니다.
- 기본적으로 수영복으로 갈아입을 때의 순서와 반대로 합니다.
- 가방에는 아까 벗은 옷이 그대로 들어있습니다. 모든 옷을
  가방에서 꺼낸 뒤 먼저 입을 옷을 찾습니다.
- 스스로 찾지 못할 때는 "○○는 여기 있네"라고 가리켜 알려
  주세요.

⚊ 화장실 지원할 때 유의할 점

- 수영장 나들이나 물놀이를 할 때는 도중에 물을 많이 마시
  곤 합니다. 수영장에 들어가기 전, 물놀이 중, 물놀이 후 옷
  갈아입기 전에 반드시 화장실에 데려가 주세요. 특히, 물놀

이 중간중간에 화장실로 안내하는 것이 필수입니다. 최악의 경우, 수영장 밖 휴게공간에서 소변을 볼 수 있습니다.

- 소변을 볼 때는 엉덩이를 내놓지 않도록 수영복 앞부분만 내립니다.
- 수영복 앞쪽 고정끈은 풀 수는 있지만 다시 묶지는 못합니다. 끈 묶기는 전면적인 지원을 부탁드립니다.

'여가활동(자전거)'
지원하는 방법

아들 키라가 보조바퀴가 달린 자전거를 탈 수 있게 된 것은 초
등학교 6학년 때입니다. 중학생이 되자 서포터와 함께 장거리를
달릴 수 있게 되었고, 현재는 20~30킬로미터 주행도 거뜬합니
다. 자전거는 간편하게 즐길 수 있고 건강에 좋지만 속도가 빠르
므로 위험하기도 합니다. 아이가 중증 지적장애가 있어서 도로
상황에 관해 적절한 판단을 하지 못합니다. 그 부분에 대해 서포
터의 전면적인 지원이 필요합니다. 만약 서포터의 지시가 통하지
않을 때는 자전거 타기를 중지해야 합니다.

자전거 탈 때 유의할 사항

지정 위치는 서포터가 앞에서, 아이는 비스듬히 뒤쪽 혹은 바로 뒤쪽으로 한다.
달릴 때 서포터를 추월하는 것은 절대 금지한다.

⟨ 출발 전 그리고 출발할 때

- 자전거 열쇠를 풀고 잠그는 동작은 현재 연습 중입니다(기본 적으로 돕지 않고 지켜봅니다).
- 열쇠는 자신의 크로스백에 넣도록 말(언어)로 지시합니다.
- 서포터가 앞에서, 아이는 비스듬히 뒤쪽 혹은 바로 뒤쪽을 지정 위치로 합니다. 달릴 때 지정 위치(아이는 서포터 뒤쪽)에 자전거를 준비합니다.
- 발은 땅에 닿도록 한 채 자전거에 앉아 핸들을 잡은 뒤 지시를 기다립니다.
- 주위 안전을 확인 후, "출발한다"라는 서포터의 말과 함께 출발합니다.

⟨ 직진할 때 그리고 회전할 때

- 아이의 위치, 스피드와 체력 분배 등을 염두에 두며 진행합니다.
- 교통 신호로 멈춰 섰을 때 직진이나 회전할 때는 진행 방향을 손가락으로 가리킵니다.
- 서포터를 추월하는 것은 절대 금지합니다.
- 회전 지점의 조금 앞에서 "천천히"라고 말과 함께 신호(손바닥을 펴서 도로 면을 향해 수차례 위아래로 흔들기)를 보여주며 속도를 줄이도록 합니다.

- 회전 지점에 도착하면 "회전한다"라고 말하며 회전할 방향을 손가락으로 가리킵니다. 그때 손동작은 반원을 그리는 듯한 느낌으로 합니다.

▌ 달리는 자전거를 멈추게 할 때

- 멈출 지점 조금 앞에서 손바닥을 도로 면을 향한 채 수차례 위아래로 흔들어서 속도를 줄입니다.
- 정지 지점에 오면 정차 위치의 도로 면을 가리키며 "멈춰"라고 말합니다.
- 아이가 정차 위치까지 오면 그 위치를 가리키며 톡톡 칩니다. 손바닥을 도로 면을 향해 천천히 한 번 누르는 동작을 합니다.

▌ 여가활동(자전거) 할 때 유의할 점

- 급경사 오르막길은 힘들어해서 스스로 자전거에서 내려서 자전거를 밀고 걸어 올라갑니다.
- 탈수가 가장 걱정입니다. 수분 보충과 휴식을 자주 해주세요.
- 휴식은 제대로 앉아서 취하고 나무 그늘에서 쉽니다(겨울철에는 따뜻한 곳).
- 자폐 경향이 강할 때 휴식 중에 갑자기 뛰어다니기 시작할

때가 있으므로 주의가 필요합니다.

• 아이가 중증 자폐이므로 항상 자폐 경향 강도 체크를 잊지
말아 주세요!

싫어하는 음식을
자연스럽게 먹게 하다

아들 키라가 중학생이던 어느 날, 학교로 데리러 가자 담임인 N 선생님이 저를 보자마자 말합니다.

"어머님, 키라가 오늘 급식을 다 먹었어요."

키라는 옆에서 조금 의기양양한 표정을 짓고 있습니다.

저는 깜짝 놀라 잠시 후에야 "야호!" 하고 기쁨의 탄성을 질렀습니다.

"키라가 급식을 다 먹는 날이 진짜로 올 줄이야."

N 선생님은 밀고 당기기의 달인이었습니다.

날마다 시시각각 바뀌는 키라의 자폐 경향을 순식간에 판단했습니다.

급식 메뉴, 음식의 온도, 키라의 자폐 경향 상태에 맞춰서 키라와 줄다리기를 잘하셨지요.

평소에는 키라가 싫어하는 메뉴가 나오면 미리 '파이팅 접시'에 양을 조그만 덜어서 주었습니다. 그러나 그날 키라는 이미 점심시간 전부터 자폐 경향이 상승 중이었습니다.

그래서 곧바로 작전을 변경!

싫어하는 메뉴를 덜어놓지 않고 다른 사람들과 똑같은 양으로 키라 앞에 떡하니 놓아두었습니다.

순간, 키라의 눈이 휘둥그레졌습니다.

그것을 놓치지 않은 N 선생님.

그제야 키라 앞에 떡하니 놓인 메뉴를 살짝 새침한 표정을 지으며 '파이팅 접시'에 조금 덜어놓습니다.

그 모습을 보고 한시름 놓은 키라는 언제나처럼 허겁지겁 먹었습니다.

그동안 싫어하는 음식을 먹게 하기 위해 이런저런 방법으로 줄다리기했는데, 마침내 기쁜 소식을 듣는 날이 온 것입니다.

그렇습니다. 이 방법은 서포트북에 쓰여있는 내용입니다. 서포트북 덕분에 탄생한, 멋진 한 장면이었습니다.

에필
로그

서포트북!
이렇게 사용해보세요

지금까지 〈서포트북〉 어떠셨나요?

'이런 부분까지 다 기록하고 전달해야 하나?'라고 놀라셨나요?

하지만 중증 자폐 아이(성인)를 서포트하기 위해서는 '이런 부분까지'가 대단히 중요합니다. 중증 자폐라 해도 자폐성 증상도 제각각, 지적장애도 제각각, 각 가정과 환경도 제각각입니다. 그러므로 일대일(one on one) 지원이 절대적으로 필요합니다.

여기서 소개한 〈서포트북〉은 어디까지나 아들 키라의 사례입니다. 수많은 사례 중 하나일 뿐이지요. 그러나 예시로 보여드린 〈서포트북〉의 항목 하나하나가 여러분의 육아와 지원 방법에 좋은 힌트가 되기를 바랍니다.

여기 〈서포트북〉에 쓰여있는 자폐에 관한 이해, 일상생활의 구체적인 지원 방법 중에 '이건 우리 아이와 비슷하다', '이 부분은 쓸 만한데!'라고 생각되는 부분은 따로 뽑아서 적용하고 응용하면 어떨까요?

그런 식으로 서포트북을 만들어보고 주위의 도움 주는 분들과 함께 사용하면서 보강해 나갑시다!

▎ 육아와 치료·교육에 활용하기

책에서 소개한 '서포트북'은 실제로 사용한 아들 키라의 서포트북과는 조금 다릅니다. 실제 사용할 때보다 자폐의 특성에 관해 더욱더 상세하고 깊이 있게 썼습니다. 그 내용을 정리한 것이 'Part 3. 서포트북에 꼭 넣어야 할 기본 정보 _ 해석편'입니다.

'해석편'은 현재까지 아이를 관찰하고 마음의 소리를 꾸준히 들으며 그 과정에서 깨달은 점, 중요하다고 느꼈던 점을 정리한 것입니다. 특히 '상동행동', '집착', '감정 폭발', '자폐 경향 신호', '웃음'등은 아이의 마음이 보내는 중요한 신호입니다. 그것들이 가지는 의미와 의미별 대응 방법에 관해 자세히 기술했습니다.

이 책을 읽으며 우리 아이와 비슷한 부분이나 적용할 만한 힌트를 찾았습니까?

'우리 아이도 웃다가 감정 폭발을 일으킬 때가 있는데, 이래서 그랬나 …….'

'난처한 집착에만 눈이 가서, 어떻게든 고치려고만 했는데 …….'

'전부 똑같진 않지만 짚이는 부분이 있네 …….'

'이 대응 방법은 우리 아이에게도 사용해 볼 수 있지 않을까?'

만약 그렇다면 매일 여러분의 육아와 치료·교육에 활용할 수 있는 부분을 최대한 응용해서 사용해보세요.

또 원활한 일상생활을 위해 기술한 'Part 4. 서포트북으로 일상생활을 지원하는 방법 _ 실전편'은 가정에서 어린 자녀에게 식사와 옷 갈아입기, 화장실 사용 등을 가르칠 때 힌트가 될 것입니다.

실제로 사용할 수 있게 만들기

처음 서포트북을 만들 때는 캠프처럼 외박할 경우, 학교나 시설의 선생님에게 보내는 용도로 만들었습니다. 그래서 당면할 수 있는 모든 상황을 상정하여 그에 대처하는 정보를 최대한 많이 담았습니다.

하지만 실제 활동 시 선생님들이 서포트북의 모든 정보를 사용하는 것은 아닙니다. 그때그때 상황에 맞게 서포트북 내용 중에서 필요한 정보를 골라서 사용합니다.

그러므로 정보를 가득 담은 서포트북을 만든 후, 그 중에서 상황에 따라 필요한 정보만을 뽑아서 '휴대용 서포트북'을 만들어 서포터에게 전달하는 것을 추천합니다. 물론 서포터가 희망하면 정보를 모두 담은 서포트북을 그대로 전달해도 좋습니다.

아이를 지원하는 분들이 서포트북을 사전에 읽어두는 것은 대단히 중요합니다. 하지만 우리 아이만 담당하는 것이 아니므로 모든 정보를 기억하기는 힘듭니다. 그럴 때 '휴대용 서포트북'이 크게 활약합니다.

'이럴 땐 어떻게 지원해줘야 할까?' 하고 모르는 부분이 있을 때 휴대용 서포트북에서 즉시 확인할 수 있습니다.

휴대용 서포트북은 언제 어디서나 필요할 때 즉시 확인할 수 있도록, 휴대하기 쉽고 펼쳐보기 쉽도록 만듭니다.

❚ Q&A! 효과적인 서포트북 활용법

강연회나 워크숍에서 자주 듣는 말이 있습니다.

보호자는 "서포트북을 드렸지만 선생님이 제대로 사용하지 않았다"라고 하고, 활동지원사나 담당 선생님은 "서포트북을 받았지만 실제로 어떤 상황에서 어떻게 사용해야 할지 모르겠다"라고 합니다.

이것은 대단히 안타깝고 아까운 일입니다!

그래서 자주 하는 질문에 관해 생각해보고자 합니다.

Q. 서포트북은 반드시 사전에 읽어야 합니까?

네. 서포트북은 사전에 읽어두는 것이 기본입니다.

아이를 지원할 때 중요한 것은 지원하는 대상에 맞춘 배려, 아

'휴대용 서포트북'으로 대변신

필요한 정보를 총정리해서 서포트북을 만든 후 서포터에게 상황에 맞게
내용을 골라서 전달하거나 휴대용 서포트북으로 제작해 전달한다.

이디어, 타이밍입니다. 특히 장애가 중증이면 중증일수록 일상생활 전반에서 서포터의 지원이 필요합니다. 그래서 서포터의 배려, 아이디어, 타이밍이 맞지 않으면 아이는 별것 아닌 계기로 감정 폭발, 뛰어다니기 등 부적절한 행동이 빈발합니다.

이렇게 되면 그에 대응하는 데 쫓겨 서포트북을 살펴볼 시간을 낼 수 없습니다.

서포트북을 사전에 꼼꼼히 읽고 미리 아이의 상태를 파악함으로써 활동 중의 모습을 이미지화할 수 있습니다. 그러면 "무슨 일이 있어도 대처할 수 있다!"라는 마음의 여유를 가지고 아이를 지원할 수 있습니다. 그러면 첫 지원 때부터 서포터도 아이도 서로 만족스럽고 즐거운 시간을 보낼 수 있을 겁니다. 그렇게 되면 감정 폭발이 빈발하는 어색한 관계에서 시작하는 것과 정반대로 '이 사람은 나를 도와준다', '내 편이구나'라는 신뢰 관계가 시작될 수 있습니다.

Q. 서포트북 내용을 전부 기억할 수는 없을 텐데요

그렇기 때문에 서포트북은 늘 소지하고 그 자리에서 확인하며 사용해야 합니다.

사전에 꼼꼼히 읽는다고 해도 내용을 전부 기억하기는 어렵습니다. 하물며 기재된 내용이 많을 때는 더욱 그렇습니다. 또한 담당 서포터가 갑자기 변경되어 차분히 읽을 시간이 없을 때도 있을 것입니다.

그럴 때는 '휴대용 서포트북'을 사용합니다. 아이를 지원하다가 "이럴 땐 어떻게 할까?" 하는 궁금증이 생기거나 모르는 것이 있을 때 바로 꺼내어 확인할 수 있습니다.

서포트북을 휴대함으로써 마음의 여유도 생깁니다. 언제 어디서나 필요할 때 곧바로 확인할 수 있도록 꺼내기 쉬운 곳에 소지하도록 합니다.

Q. 개인정보 때문에 학교에서 사용하지 못하게 합니다

보호자와 서포트북 사용에 관한 규칙을 서로 확인합니다.

서포트북에 개인정보가 가득 실린 것은 틀림없는 사실입니다. 따라서 서포트북을 사용하는 서포터는 당연히 서포트북을 신중히 다루고 사용해야 합니다. 하지만 제대로 사용해야만 비로소 빛을 발하는 서포트북이니만큼 필요할 때 사용하지 못한다면 안타까운 일입니다.

따라서 '활동 시 서포트북을 휴대해도 되는가?', '그때 주의할 사항은?', '서포트북 반납 방법은?'과 같이 학교나 캠프 등의 담당자와 보호자가 서포트북을 사용할 때의 규칙, 확인 사항을 미리 협의해두면 좋습니다.

또 학교나 사무실 등에 보호자가 서포트북을 전달하고 "서포트북을 활용해주세요"라고 직접 요청하는 것도 도움이 됩니다.

Q. 활동 전과 활동 중에만 서포트북을 사용합니까?

활동 후에도 사용할 수 있습니다. 그것은 활동 후의 중요한 과정인 '회고'에도 도움이 되기 때문입니다.

자폐 아이를 지원하는 것은 성공과 실패가 계속 반복되는 것으로 결코 만만치 않은 일입니다. 하루의 활동이 끝나면 순조로웠던 부분, 실패했던 부분 등 당시 주위 상황, 자신의 지원 방법과 지원 대상인 아이의 상태 등을 되돌아보며 서포트북을 훑어봅니다.

그러면 왜 순조로웠는지, 왜 실패했는지 이유가 보입니다. 그러면 지원하는 방법 하나하나가 각각 어떤 의미를 담고 있는지 이해하게 됩니다. 또한 아이의 새로운 일면이 보일 수도 있습니다.

그런 식으로 지원한 후 회고하는 과정에서 서서히 변모해 갈 것입니다. 여지껏 무심코 해온 지원에서 스스로 생각하여 행동하는, 주체적인 지원으로 말입니다.

Q. 똑같은 서포트북이 여러 권 필요한 이유가 있을까요?

만약 보호자가 담당 서포터에게 자신 이외의 서포터에게도 전달해달라며 동일한 서포트북을 여러 권 주었다면 이는 한 팀으로 움직여주길 바라기 때문일 것입니다.

한 팀으로 움직인다는 것에 두 가지 의미가 있습니다.

<u>첫 번째는 언제, 어디서든, 누구에게라도 아이가 일관된 지원</u>

을 받을 수 있도록 하기 위함입니다.

사람이나 시간, 장소에 따라 지원 방법이 달라질 경우 발생할 수 있는 혼란을 방지하고, 혹시 담당자에게 무슨 일이 있어서 다른 사람이 대신하더라도 같은 지원 방법을 받게 하기 위해서입니다. 지원 방법이 일관된다면 아이가 혼란을 겪지 않고 안정적으로 생활할 수 있기 때문이죠.

두 번째는 팀으로서 동료와 상의하기 위함입니다.

사전에 읽어두거나 휴대하면서 수시로 확인하며 아이를 지원한다고 해도 이해되지 않는 점, 불안한 점은 자폐 아이를 지원하는 방법이 하나로만 정해진 것이 아니므로 그런 불안이나 어려운 점이 생길 수밖에 없습니다.

중요한 것은 이해되지 않는 것, 불안한 부분 등의 고민을 담당 서포터 혼자서 떠안고 끙끙대지 않는 것입니다. 혼자서 고민하면 괴로울 뿐입니다. 그것은 지원할 때도 알게 모르게 드러나고, 문제 해결에 아무 도움도 되지 않습니다.

그럴 때 모두와 상의해 보는 건 어떨까요?

그것을 위해 우선 필요한 것은 지원 대상인 아이에 관한 상세한 정보입니다. 그래서 그 정보를 동료에게 정확히 전하고 공유하는 것입니다. 정보를 입에서 입으로 옮기는 것만으로는 부족하고, 여러 사람에게 정보를 상세하게 이야기할 시간도 없을 것입니다.

그럴 때 서포트북을 사용할 수 있습니다. 협의 전에 각자가 시간을 할애하여 서포트북을 읽음으로써 아이에 관한 기본적인 정보를 미리 공유할 수 있습니다. 그러고 나서 함께 이야기하고 듣고 고민하고 생각을 나눌 수 있습니다.

이렇게 팀으로 다함께 고민거리에 대응하는 데 서포트북을 활용합니다.

사고 예방을 지원해 주는
자폐 아동의 필수품

   "아아, 또 사고 쳤네~"라며 한숨을 푹 쉰다!
"안 돼!"라며 손을 꽉 붙잡는다!

날이면 날마다 돌아오는 건 한숨과 지적뿐이라면 누구라도 싫을 겁니다.
그건 자폐 아동(성인)도 마찬가지입니다.
가능하다면 자기답게, 안심하고 웃으면서 생활할 수 있다면 좋겠죠.
그렇기 때문에 해서는 안 되는 일이 있을 때는
'하지 않기', '못 하게 하기', '시키지 않기'를 엄격하게 지키는 것! 이것이 지원 방법의 핵심입니다.

그래서 중요한 것이 지원하기 전의 시뮬레이션입니다.

우선 서포트북의 정보를 토대로 지원 대상인 아이에 관해 조사합니다.

다음으로 활동 장소와 내용, 참가 멤버 등의 정보를 파악해 상황에 관해 조사합니다. 그것을 종합하여 활동 모습을 시뮬레이션해 봅니다.

그러면 해서는 안 될 것을 미리 막을 수 있는 지원 방법이 조금씩 보입니다.

'시뮬레이션을 통해 상황을 예측하고 미리 막는다!'

즉, 불을 끄는 것이 아니라 불이 나지 않도록 예방하는 것입니다.

그렇게 하기 위해 서포트북은 필수품입니다!

서포트북 덕분에 직업인으로
잘 지내는 아들을 응원하며

"나중에 키라와 함께 있는 것이 가능한 한 괴롭지 않도록, 서로 조금이라도 편안하게 지내고 싶어요."

아들 키라가 어릴 때 옷 갈아입기나 손 씻기뿐만 아니라 글자나 인지 학습, 모방 연습, 산책과 운동 등을 할 수 있도록 가정에서 이런저런 활동에 힘썼습니다. 그럴 때 사람들이 이런 질문을 던졌습니다. "왜 그렇게까지 열심히 하는 거야?"

이에 대한 대답 중 하나입니다. 또 하나는, 부모가 죽은 후 키라가 가능한 한 어려움을 겪지 않도록, 스스로 살아갈 힘을 익히게끔 하고 싶다는 절실한 염원 때문입니다.

이런 심정과 염원에서 시작한 키라의 육아와 치료·교육은 아직 끝나지 않았습니다. 시작은 키라를 위한 것이었지만 절반은 저 자신을 위한 것이기도 했습니다. 지금까지 작심삼일만 해오던 저로서는 솔직히 "애 많이 썼다", "대단하다"라고 생각합니다.

저는 누군가에게 배운 것도 아닌데 끊임없이 키라를 관찰하고 고찰하고 다양한 아이디어를 짜내어 계획을 세우고 실행하고 평가했습니다. 그 평가를 토대로 새로운 아이디어를 다시 내고 계획 세우기를 반복했습니다. 그렇게 할 수 있었던 것은 아마도 생명을 마주해 본 간호사로서의 경험이 바탕이 되었을 거라고 생각합니다. 그래서 지금까지 키라와 함께해 온 시간이 힘들긴 했지만 어떤 의미에서 자연스럽게 움직일 수 있었던 것 같습니다.

이 책에서는 중증 자폐가 있는 키라에게 필요한 것을 찾는 관찰 노하우를 비롯해 상동행동, 감정 폭발, 웃음, 자폐 경향 신호 등에 관한 이해와 이를 지원하는 구체적인 방법을 상세하게 기술했습니다. 평소 아이를 '관찰 → 고찰 → 계획 → 실행 → 평가'하는 습관이 몸에 단단히 익은 경험이 큰 도움이 되었습니다.

이 책의 전신은 《자폐스펙트럼장애 아동 서포트북》(2006년, 신푸샤)으로 자비 출판한 책인데 출판사가 파산하면서 책이 절판되었습니다. 저는 어떻게든 책을 존속시키고 싶어 여러 출판사에 문의했습니다. 그 결과 책을 읽고 제 이야기를 들은 부도샤의 이치게 겐이치로 씨로부터 "키라 엄마 스타일의 자폐 해석편이 흥미롭습니다. 새 책을 만들 의향이 있으시면 도와드리겠습니다"라는 응답을 받았습니다.

그리하여 새로운 책을 만들 수 있었습니다. '서포트북'에 관한 책인 동시에 '중증 자폐'를 주제로 한 책으로 말입니다. 타협을 허락하지 않는 이치게 씨와의 협업은 매우 혹독하여 힘들기도 했습니다. 하지만 그만큼 보람과 즐거움도 컸습니다. 원고를 다시 정리하는 동안 어느새 3년 가까운 시간이 훌쩍 지났습니다.

그 사이 특별지원학교 고등부 3학년이었던 키라는 사회인이 되었습니다. 첫 직업재활시설 '주머니 속의 숲'을 시작으로 보람이 있는 일을 찾고, 더 나아가 직업인이 되기 위해 두 번째 시설인 '센다이 로즈 가든'에서의 작업도 경험했습니다. 그때도 '서포트북'을 비롯한 '직업재활시설 실습 세트'가 큰 역할을 하였습니다.

현재 키라는 새로운 직장에서 동료와 함께 식물의 잎 손질, 투명 캡 부착, 배달 지원 업무에 힘쓰고 있습니다.

출판에 즈음하여 이치게 씨, 일러스트레이터 아베 히로미 씨, 주치의 곤 기미야 선생님, 담임이었던 다카하시 신이치 선생님, 활동지원사 스가와라 씨와 쇼지 씨, 그 외 수많은 분의 협조를 받았습니다. 그분들께 감사의 말씀을 전합니다.

그리고 항상 응원해준 남편, 동아리 활동과 공부하는 중간중간 원고를 확인해 준 둘째아들, 힐링을 준 고양이들, 그리고 누구보다 아들 키라 덕분에 무사히 완성할 수 있었습니다.

정말로 고맙습니다. 앞으로도 잘 부탁합니다.

서포트북을 효율적으로 활용한다면
아이는 물론, 주변의 모두가
안심하고 충실한 시간을 보낼 수 있습니다!

아이에 관한 모든 정보가 가득 담긴 서포트북!
경증이든 중증이든 장애의 정도와 관계없이
서포트북을 적절하게 활용해 보세요.
언제, 어디서든, 누구에게나
아이는 일관된 지원을 받을 수 있어서
어떤 상황에서도 문제없이 지낼 수 있습니다.

그곳은 모두의 웃음꽃이 피는 곳입니다.
그런 멋진 웃음이 가정에서 유치원으로,
학교에서 직업재활시설로, 그리고 지역사회로까지
널리 널리 퍼져나가면 좋겠습니다.

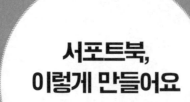

부록

서포트북,
이렇게 만들어요

서포트북에 기록할 기본 항목 12가지 (86~90쪽 참고)

❶ 아이 소개

❷ 장애에 관한 정보

❸ 의학적 정보

❹ 감정 폭발에 관한 정보

❺ 집착에 관한 정보

❻ 의사소통에 관한 정보

❼ 싫어하는 자극과 잘 대처하지 못하는 자극

❽ 안전 대책

❾ 일상생활 보조에 관한 정보

❿ 좋아하는 것과 현재 푹 빠져 있는 것

⓫ 놀이

⓬ 현재 가장 염려되는 점과 지원할 때 주의할 점

다음에 소개하는 것은 샘플입니다.

서포트북 만들기에 앞서 〈우리 아이 발견 작성표〉을 먼저 작성한 후

상황에 맞춘 '휴대용 서포트북'으로 간편하게 만들어 활용합니다.

홍길동 서포트북

〈자폐 해석편〉

〈자폐 해석편〉
아이의 상동행동, 집착,
떼쓰기, 감정 폭발, 웃음 등
자폐 특성과 그에 따른
지원법을 소개합니다.

〈일상생활 실전편〉
의료적 측면을 비롯해
식사, 목욕, 세안, 옷 갈아입기,
화장실, 여가활동 등의
지원법을 소개합니다.

아이 최근 사진

2024년 3월 10일 작성

서포트북 수정 보완한
작성일자를 적습니다.

홍길동 엄마 김책방 T. 010-1234-5678

서포트북 주인공의
보호자 이름과
연락처를 적습니다.

우리 아이를 소개합니다

처음 뵙겠습니다.
잘 부탁드립니다.

제 이름은 _____ 입니다.

아이 최근 사진

호칭 : 길동아, 길동

생년월일(연령) : 2020년 2월 25일 출생 (4세)

진단명 : 자폐 스펙트럼 장애

가족 : 아빠, 엄마, 남동생

혈액형 : O형

기왕력 : 꽃가루 알레르기

〈우리 아이 발견 작성표〉

항목	상태/현황	원인/행동	대응/지원(구체적으로)	우선 순위
자폐 경향 / 자폐 신호				
멜트다운				
탠트럼				
집착				
떼쓰기				
웃음				
힘들어하는 것 / 현재 걱정하는 것				
싫어하는 자극 / 현재 꺼리는 것				
위험 인지				
의료 정보				
좋아하는 것				
현재 푹 빠져 있는 것				
실외 놀이 / 실내 놀이				
대인 관계				
의사소통				
식사 /식사 예절				
화장실 사용				
옷 갈아입기				
씻기				
여가활동				

집단생활을 순조롭게 의사소통을 원활하게
자폐 아동을 지원하는 생활 밀착 매뉴얼

특별한 소통법 서포트북

초판 1쇄 인쇄 2024년 4월 1일
초판 1쇄 발행 2024년 4월 5일

지은이 다카하시 미카와(高橋 みかわ)
옮긴이 최현영
펴낸이 박지원
펴낸곳 도서출판 마음책방

출판등록 2018년 9월 3일 제2019-000031호
주 소 경기도 김포시 김포한강8로 410, 1001-76호
대표전화 02-6951-2927
대표팩스 0303-3445-3356
이메일 maeumbooks@naver.com

ISBN 979-11-90888-30-1 13590

한국어판 ⓒ 도서출판 마음책방, 2024